双書②・大数学者の数学

コーシー
近代解析学への道

一松 信

現代数学社

はしがき

　このたび現代数学社から双書「大数学者の数学」が刊行されることになり，筆者は「コーシーの数学」を分担することになった．
　コーシーについては私よりも適任の方がいらっしゃると思うが，ご指名を有難く受けて努力することにした．
　コーシーは有名な数学者の一人であり，また大変に多作であって業績も多岐にわたる．しかしその中核をなすものは「近代解析学の父」として解析学の基礎付けである．それが筆者の興味の中心でもある．
　コーシーの著作中主著の一冊である『微分積分学講義要論』は既に日本語訳が出ている．したがってそれを解説するのを中心とすべきかもしれない．しかし結局以下のような構成とした．
　まずコーシーの略伝と業績の展望を述べた．ついで本論としてコーシーの数学の中核である解析学関連を3章に分けて論じ，最後に第6章でいくつかの他の分野の研究を紹介した．この最後の章は著者にとって興味がある話題を拾ったもので，断片的であり偏った内容であることをお断りしておく．
　解析学に関する内容を3章に分けたのは分量の関係によるが，若干重点の置き方に差をつける必要を感じたからである．最初の第3章は上記『要論』に含まれる部分でコーシーによる「微分積分学の革命」の他，諸結果の面白い証明が数多く見られる．第4章級数は，コーシーの革新ではあるが，一様収束性など現在の目で見ると不備があり，その修正吟味をも語るべき必要があった．第5章複素関数論はコーシーの創成にかかる新分野だが，なお未熟だった（コーシー自身著書にまとめなかった）話題である．そのような背景を考えて，記述の仕方も若干工夫したつもりである．

本書は「勝利史観」の立場をとり，現在から見たコーシーの数学論である．その意味でこの本は「数学史」の本とはいえない．そのようにしたのは本書の読者対象が，数学史そのものよりも，微分積分学の歴史的発展あるいは微分積分学入門に興味を持つ方々と想定したからである．だから極端にいえばコーシーをだしにして，著者の（特に微分積分学に関する）数学観を開陳した本という批判があると思う．それを承知の上で敢えてこのような形をとった一つの理由は，現行の教科書にあまり書かれていない興味ある諸事実を，この機会にまとめて紹介したかったためである．そのため特に定理と明示しなくてもある事項の証明を述べた箇所では，その証明の完了点に記号□を付けた．

　それらの注意は断片的だが，解析学を学習する方々だけでなく，講義をする方々にも折に触れて参考になることを期待する．まとまった講義ではないが，筆者が講習会などで部分的に講じた内容を含めた箇所もある．

　実のところコーシーの伝記を読み直し，本書を執筆していると，彼の「反面教師」的な面を強く感ずるようになった．悪口を言わないように努めたつもりだが，就職の失敗だの講義の不評だの，これまでに漠然と懐いていたイメージとはだいぶ外れる点が多い．大学者も一人の人間として生涯を過したわけだし，波瀾の多いのは当然であろう．当人の心情に立ち入っての考察はゆきすぎだったかもしれない．それらについての読者の率直な御批判を賜りたい．

　近年ではこういう書物をまとめる場合には，当人の遍歴の跡を辿り現地に取材旅行を試みるのが標準になりつつある．しかし筆者はもう健康その他諸般の事情で，それは不可能である．その種の「活きた伝記」は若い元気な方々に改めてお願いすることにして，本書は机上の文献でまとめた．

当初は末尾に「数学史」に関する私見を述べるつもりだったが，それは無理と悟った．本文中に所々大きく脱線した記事があるのが，その意図の一部分を述べた形と理解してほしい．

　以上のような次第なので，このシリーズの歌い文句「数学ファンに気楽に読める」本になったかどうか不安である．しかし本シリーズの同時代の諸学者の記事と併せて，当時の雰囲気を味あうことができれば幸いである．

　参考書については巻末にまとめた．特にコーシー全集を初めいくつかの必要な文献の閲覧に便宜を図って下さった京都大学数理解析研究所図書室に感謝する．現代数学社編集部の方々には始終お世話になった．改めて感謝の詞を述べる．

2008年12月　著者しるす．

目　次

はしがき

第1章　コーシー略伝
- 1.1　生い立ち …………………………… 1
- 1.2　就職 …………………………… 4
- 1.3　理工科学校での講義 …………………………… 7
- 1.4　論文紛失事件 …………………………… 11
- 1.5　亡命 …………………………… 16
- 1.6　失意の帰国 …………………………… 20
- 1.7　晩年 …………………………… 23

第2章　コーシーの業績展望
- 2.1　コーシーの論文 …………………………… 27
- 2.2　コーシーの著書 …………………………… 31
- 2.3　コーシー以前の解析学展望 …………………………… 33

第3章　コーシーの数学(1)
　　　　　—微分積分学の基礎づけ
- 3.1　実数の連続性 …………………………… 40
- 3.2　区間縮小法 …………………………… 46
- 3.3　極限の概念 …………………………… 49
- 3.4　中間値の定理 …………………………… 55
- 3.5　微分法 …………………………… 57
- 3.6　平均値の定理 …………………………… 63
- 3.7　積分の概念 …………………………… 71
- 3.8　微分積分学の基本定理 …………………………… 79

第4章　コーシーの数学(2)　—級数の収束

- 4.1 級数の和の意味 ……………………88
- 4.2 収束判定法 ……………………92
- 4.3 ベキ級数 ……………………99
- 4.4 テイラー展開 ……………………106
- 4.5 関数項級数の収束 ……………………112
- 4.6 点別位相と一様位相 ……………………121

第5章　コーシーの数学(3)　—複素関数論

- 5.1 複素数と複素数平面 ……………………126
- 5.2 複素数の関数とその微分法 ……………………132
- 5.3 線積分と積分定理 ……………………137
- 5.4 複素関数の基本性質 ……………………146
- 5.5 留数解析 ……………………153

第6章　その他の業績抄

- 6.1 多面体 ……………………162
- 6.2 初等代数学 ……………………169
- 6.3 代数学の基本定理 ……………………173
- 6.4 微分方程式 ……………………178
- 6.5 弾性体とテンソル ……………………182

参考文献 ……………………187
索引 ……………………189

第1章 コーシー略伝

1.1 生い立ち

どのような大学者でもその生涯の時代背景を抜きにしては語り得ない．本書の主人公であるオーギュスタン・ルイ・コーシー (1789.8.21 － 1857.5.23) の場合，特に天命といってもよい環境に注意する必要がある．

彼はパリで父ルイ・フランソア・コーシーと母マリー・マドレーヌの間の長子として生まれた．誕生日がフランス大革命勃発の1ヶ月余り後なのに留意してほしい．以下に述べるように彼は学問上では「大革命家」だったが，実社会では「極右の超保守派」に終始した．それはフランス革命で父が失職し，子供の頃しばらく田舎に雌伏をよぎなくされたという生い立ちが深く影を落としたせいらしい．

彼の先祖はノルマンディー地方の鉄製品の親方であり，中産階級の出身といってよい．父のルイ・フランソア（1760 － 1848）はなかなかの秀才であり，パリで学び帰郷して弁護士を開業した．まもなく知事ルイ・ティルーの目に留まりその秘書となった．ティルーがパリ市警察代理官に栄転 (1783) したとき，有能な秘書としてルイ・フランソアもパリに移り，パリ市改造などの大計画を着手する予定だった．さらに1787年にかなり名門出身のマリー・マドレーヌ・トゥゼストルと結婚し，輝かしい未来が約束されているかのようであった．

しかし革命で一切の希望が失われた．それどころか上司ティルーが処刑された（1794年4月）後，身の危険を感じて田舎

の別荘に家族 4 人でひきこもった．既に弟（次男）のアレクサンドル・ローランが生まれていた（1792.3.13 生）．弟は後に司法官となり，兄の死の直前（1857.3.30）に亡くなっている．田舎での暮らしは楽でなく，日々のパンにも事欠いたという．さらにその頃オーギュスタン・ルイは病気にかかり，幸いに回復したが一生「虚弱児」の体質がつきまとった．このような子供の頃の辛い体験により革命に対する強い恐れと憎しみとが一生涯消えない影として心に焼きついたと思われる．

　幸いなことに恐怖政治は 1794 年 7 月に終り，一家は安心してパリに戻ることができた．父はその後次々に要職を歴任し，技術・工場部門の管轄官としてかなりの高給を受ける身分に出世した．

　父は田舎に隠遁中，2 人の息子の教育に全力投球した．自分が旧体制の下でも身分の垣根を越えて出世できたのは，教育による専門能力に負うことを深く自覚し，子供達も自分と同じ道を歩むことを期待したらしい．パリに戻ってからも激務の間を削って子供達に宗教・古典語・博物学などの教養教育を怠らなかった．

　一家にとってさらに幸運だったのは，1799 年秋のナポレオンによるクーデターの後，父ルイ・フランソアが 1800 年に新たに設立された元老院の書記（記録保管人）に選ばれたことである．豪華な官舎に住み俸給もそれまでの 2 倍になっただけでなく，多くの元老院議員達と接する機会を得た．その中にはラグランジュ，モンジュ，ラプラスなど当時世界のトップクラスの数学者もいた．

　オーギュスタン・ルイは 1802 年秋から名門のパンテオン中央学校に通うことになるが，それまでは特に学校にゆかず父の指導下で勉強を続けた．この頃から数学に興味をもち始め，ラグランジュやラプラスとも出会う機会があり，特にラグラ

ンジュの目にとまったようである．ラグランジュが「この子は将来我々をしのぐ大学者になる」と語ったという伝説もある．しかし当時彼は詩や演説のコンクールで賞を得て大いに得意になったものの，常に最良の生徒でありたいという圧力に苦しみ，多少の「変調」をきたしていたといわれる（優等生症候群（？）というべきか）．

　1804年秋から理工科学校 (École Polytéchrnique；以下こう訳す) の入学試験勉強を始めた．当時の花形だった土木建設技師の道を歩もうと志したらしい．入試準備のためディネの数学講義に通い，長足の進歩をとげ，感心した先生のディネはコーシー一家の友人になったという．1805年の秋入学試験を受け，合格者125名のうち第2位で合格した．彼は喜び勇んで入学したが，それまでの静かな家庭の暮しから一転して「軍隊規律」の寮生活に入って大いにとまどったようである．

　理工科大学の講義の大半は数学関連だった．ラクロア（ラグランジュの後任）の解析学，アシェット（モンジュの弟子で代講者）の画法幾何学，ブロニ（土木学校校長兼任）の力学が中心である．当時ラクロアの復習助教は後に電磁気学の基礎を作ったアンペールだった（電流の単位アンペアは彼の名による）．

　この頃のコーシーは「虚弱児」で，それは過度の勉強によるというよりも生れつきの体質だったらしい．1学年の折の成績は中位だったが，2学年になると実力を発揮し始め，卒業後第1志望の土木学校へは首席で進学できた．

　土木学校での2年間もよくできる学生であり，在学中にウルクの運河やパリの上水道の工事に実習生（補助者）として参加した．製図や発掘された古代遺跡の見取り図などの作成が主な業務だった．このような待遇はかなりの「優等生」に限るといわれる．

卒業後少尉候補生（技術将校）に任命され，シェルブール港の建設工事に派遣された（1810年2月）．大学を卒業して実務についた若者の一人として，彼は与えられた仕事を苦労しながらもよくこなした．しかし彼の関心は次第に研究と信仰という自分の好みに合う方向へと向っていった．暇な折には周辺の野山で植物採取をしたり風景を楽しんだりしたが，次第に数学の研究に興味の中心が向っていった．ラグランジュの指導で多面体の研究（6.1節参照）に打ち込み，それに関して書いた最初の論文はかなり好評であった．

その後健康を損ない一時休暇をとって自宅に戻ったこともある．シェルブールには合計3年近く滞在し任務はよく果したが，結局体調を崩してしまった．それも普通の病気というよりも，精神的な鬱病だったらしい．身体が虚弱で工事現場の荒仕事に耐えられず，また次第に具体的な問題から抽象的一般論へと関心が移った．結局土木工学への情熱を失い，土木工学の経験が後年弾性体の研究などに影響を残したものの，数学の研究に没頭することになった．「数学者コーシー」の誕生である．だがそれには「就職問題」の解決が先決だった．

1.2 就職

後に見る限り，コーシーは一生の間何度も就職に失敗している．それは彼が凡庸だったとか世渡り下手というのでなく，過酷な競争社会に翻弄された命がけの生存競争だった．

シェルブール港の工事中体調を崩したため休暇をとって自宅で静養した間（1812年）に，いくつかの数学の論文を書いて学士院（科学アカデミー；以後こう訳す）に提出し，多少の評判を得た．それを足掛りに1813, 14, 15年と相ついで（欠員が生じた折に）学士院に立候補したが，いずれも落選した．

同じ頃土木学校の助教や暦作成局の職員にも応募したがすべて失敗した．

今日「学士院」というと老大家の顕彰機関のように理解している人が多いかもしれないが，当時の学士院は，フランス革命で大幅に改組されたものの，政府の諮問機関であり重要な研究機関だった．20才台の会員も必ずしも異例ではなかった．この折に会員に選ばれたのはそれぞれポアイキ（1813），アンペール（1814），モラール（1815；発明家）だった．

だが思いもかけない事情でコーシーは学士院会員に選ばれた．ナポレオンが最終的に失脚してルイ十八世の「復古王朝」が成立した後，革命的な過去を負うモンジュとカルノー（ラザール；熱力学のサディの父）が追放され，その後任にコーシーとブレゲが王によって学士院会員に任命されたのである．

コーシーにとっては棚からぼたもち式の出世であり，喜んで受け入れたが，世間の評判は悪く多数の敵を作ってしまった．後年彼はその業績によって尊敬を集めるが，反面学界からは孤立した人物であり，「臆面もない出世主義者」という悪評を受けることになる．

さらに健康上の理由で講義が十分にできなくなったポアンソに代わり，1815年末に理工科学校の臨時教授として1年間解析学の講義を受け持つことになった．俸給は復習助教と同じで正規の教授の1/4だったが，コーシー自身はやがて正式の教職が得られるだろうと希望をもってこの業務を進んで受け入れた．

当時の復古王朝政府にとって，自由風潮の理工科学校は「最も危険な分子」であり，その「牙を抜くための改革」が次々に行われた（さすがにこの名門校を廃止するわけにはゆかなかった）．そのために王党派・保守派の態度を鮮明にしていたコーシーに期待がかかった節がある．

リベラル派のポアンソも遠ざけられたが，これは前述のように彼が健康上の理由で既に3年前からほとんど講義をしていなかったので，当然の処置かもしれない．その後しばらくの間解析学と力学の講義をコーシーとアンペールが分担した．というとすばらしい大学者2人の名講義のように見える．しかし実は2人とも研究者としてはピカ一でも，教員としては二流だった．コーシーはしばしば「名講師」とされるが，それは当時の他の教授達と比較しての相対的な評価にすぎない．

　後述するようにコーシーは後にボルドー公（シャルル十世の孫）の教育係に任命されて精力を尽したが，結局この王子を徹底的な数学嫌いにしてしまった．理工科学校のエリート学生達に対しても（少なくとも最初のうちは）彼の講義は不評だった．内容が過密で毎回のように時間を超過し，学年が終っても予定まで進まなかったといって補講をしたりしたので，学生のボイコットまで起っている．後年亡命先のトリノ大学（1832年）での講義も評判倒れだった（後述）．

　とはいえ彼は次第に理工科学校教授，学士院会員として社会的地位を高めた．その頃まで両親とともに官舎に住んでいたが，父は20代の終りに近づいたこの長男を結婚させようと考え，その相手にパリの老舗の出版業者ド・ビュール家の娘アロイーズを選んだ．結婚式は1818年4月4日にサン・シュルビス教会で盛大に行われた．時に新郎29歳，新婦23歳；この折にかなりの「持参金」がもたらされた．夫妻の間には娘2人が生れた．ただこの結婚は結局コーシーにとっては思ったほど幸福ではなかったらしい．後に長年にわたる単身亡命がそれを伺わせる．

　理工科学校での講義はかなりの負担だったが，コーシーはそれまでの解析学に飽き足らず，「数学」を基礎から見直して作り直す「基礎付け運動」を自分のライフワークと自覚するよ

うになった．その内容が順次講義で紹介され，彼の名著であるいくつかの講義録になった．それが本書の主題であり，第3－5章に順次解説する．この頃から7月革命で亡命する（1830年）までの十数年間が，コーシーの生涯で最も油の乗り切った活躍時代である．それを次節で概観しよう．

1.3 理工科学校での講義

理工科学校でのコーシーの解析学（微分積分学）の講義は後にいくつかの講義録が出版されて（2.2 節），この分野の規範とされた．今日の我々は「名講義」と想像しがちだし，実際コーシー自身もそれに心血を注いだのだが，当時は評判がよくなかった．その理由は内容過多，学生の予備知識不足，実用か理論かの選択などである．これは程度は違うが今日の高校・大学での数学教育にも共通な悩みである．

理工科学校の学生は激烈な入学試験を勝ち抜いた超エリートのはずであるが，それでもこの学校が必要とした「あらゆる科学技術の基礎」としての解析学を学習するのに必要な予備知識が十分でない者も少なくなかった．そのための補習教育も欠かせなかった．

内容の過密も悩みの種だった．コーシーは数学をもっと深く教えるために，力学の内容を削減しようと提案したが，教授会で猛反対にあい，結局それまでの講義計画を踏襲せざるをえなかった．その上コーシーは自分自身の考えた実数の連続性・極限の概念など（第3章参照）を初年生にいきなり講義しようとしたから，一層過密になった．後述の『要論』は第1学年の講義を微分学20講，積分学20講にまとめた本で，各講は数ページ（日本語訳で）ずつだが，その各講をそれぞれ1時間ずつで講義するだけでも（場所にもよるが）大変な過密

講義の印象である．この内容を丁寧に解説すれば後の『微分学講義』『積分学講義』のように少なくとも各300ページ位の分量がいるだろう．

それを補うためにコーシーはほとんど毎回講義内容のプリントを配布し，後にそれらをまとめて単行本として発行した．それには学校当局からの要請もあったようで，学外の独学者にもよい教科書だったが，今日の眼から見ると色々と不備もある（4.5節参照）．

ところで解析学の講義に対して実用か理論かという相反する両極端の意見があるのは，その当時だけでなく，現在まで繰り返し論じられている議論である．将来も現在のような文明が続く限り，永遠に結論の出ない議論かもしれない．一方は数学の使用者の立場からの純実用的な意見である．余り厳密性にこだわらず直感を重んじ，実用的な計算（例えば微分方程式を解くなど）に重点を置いて，とにかく実際問題に使えるように教育せよと望む．他方は数学者に多い意見で，諸方面に実用しようというのなら，かえって特定の分野に固有の技法を並べるよりも，まず基礎をある程度抽象化・一般化して確立し，こうすればよいというだけでなく，どうしてそうすればうまくいくのかまで正しく教えるべきだと主張する．当時（多分現在でも）物理学者・技術者は前者の主張をし，ラグランジュやラプラスなどは後者の意見をとなえた．要は両者のバランスだろうが，限られた時間内にどう調整するかが至難である．この論争は200年前の昔の話ではなく，現在の大学でも深刻な課題である．

その上ある程度理論が確立している現在と違って，基礎が薄弱なまま大きな成果を挙げてきたそれまでの「無限小解析学」を，新しい観点から見直して厳密に基礎付け再構成しようとするコーシーの講義が，学生達に戸惑いを与えたことは

想像にかたくない．研究と教育の一体化が理想かもしれないが，教授が独創的なその時代の最先端の研究成果を（大学院学生にならまだしも）大学新入生にいきなり講義したら，たぶんほとんどの学生は何もわからずに不満をつのらせるに違いない．

その上コーシーの講義はほとんど毎回大幅に時間を超過したため，ついに1821年に学生のボイコット事件が起こり，深刻な問題になった．このときはコーシーが謝罪して一応の結着を見たが，その後も時間超過の傾向は止まなかったらしい．講義録を刊行したのも，過密講義の緩和策だった．

余談ながら今日解析学を身に付けるには少なくとも2回学び直せと多くの方が強調している．第1回は直感的・実用的な道だが，諸概念を正しく理解することが必要である．コンピュータによる数式処理・グラフィックスが発達したので，これまでのような細かい計算技法に深入りする必要はない．しかし，例えば初等関数の不定積分（原始関数）が初等関数でうまく表されるのはむしろ例外的な幸運（?）の場合に限るといった事情をも正しく理解することが望まれる．だからこそコンピュータによる近似計算・数値計算も不可欠な題材である．

第2回は基礎理論の学習である．但し厳密性に固執しすぎるのはよくない．いわゆる「$\varepsilon - \delta$論法」の演習は重要だが，それを真に必要とするような必ずしも自明ではない定理の証明に活用するのが本筋である．項別積分の可能性も，一様収束に基づく一般論（4.5節）だけでは済まず，三角関数や指数関数の特殊性を活用して論じる必要がある場合もある．それらを抽象化してもっと一般的な定理にまとめることは可能だが，使い道が限定された定理では意味が薄い．

さらに講義をする立場に立てば，第3回，第4回の学習も必要になる．場合によっては伝統的な体系から離れた超準解

析（非標準的実数に基づく解析学）や，構成的実数の構成的理論といった新しい観点からの理論再構成も学習する必要があるだろう．それらを学生時代にすべて学ぶのは時間的にも無理がある．いつでも必要に応じて学び直す生涯学習の姿勢が望まれる．

ところでコーシーは本職の理工科学校以外でも，自分の健康を顧みず精力的に教えた．教えることが天職であり，また自分の趣味（?）だと心得ていたらしい．但しその多くは正式の職でなく，代理や補欠としての講義だった．

その最初の機会は 1816 年末にコレージュ・ド・フランスで生じた．この学校は歴史的にはルネサンス期の名君の一人とされるフランソワ一世が，1530 年に「王立教授団」を作ったのがその前身である．パリにある国立高等教育機関だが，特に「学生」はおらず誰でも聴講できる制度であり，教授陣・講義内容とも世界的に高い水準を保ってきている．

このときにはビオ（物理学者）がスコットランドなどに測地学研究に出張し，数理物理学の講義ができなくなったので，コーシーを代講に推薦した．コーシーがいつ頃から講義を始めたのか明確でないが，1817 年度の講義を担当し，この機会に 1814 年以来まとめていたがまだ公式に発表していなかった積分の概念（3.7 節）を紹介した．

ついで 1821 年には，パリ大学（ソルボンヌ）理学部で力学の講義を担当した．それを担当していたポアソン（ポアンソとは別人）が 1820 年に文部省の評議会委員になり，教職から離れたので，アンペールが代講していた．しかし負担がきつく一時中断せざるを得なくなり，暫定的にコーシーが代理になった．アンペールはその後正式に退職し，コーシーを後任に推薦した．その当時には正規の教授の半額余りの俸給が支払われていたが，1823 年 12 月に正式の力学の准教授の資格

を得て，1830年（外国に亡命；後述）まで古典力学の講義を担当した．

さらに1824年にビオの出張の機会に，コレージュ・ド・フランスでも数理物理学の講義を担当している．余談ながらビオはその前1822年に学士院の終身総書記（事務局長に相当）に立候補して落選するという挫折を味わっている．この地位は大変に高いもので，フランス大革命の頃には哲学者コンドルセが勤めていた．彼が自殺（1794年；逮捕され処刑されそうになったため）した後しばらくの間事実上空席になっていた．1802年にドランブル（天文学者；メートル法制定測量の功績）が就任したが，彼の死後の補充である．このとき選ばれたのはフーリエだった．

ビオは1年余りの外国旅行から帰国後正式に引退を表明し，コーシーが代理として1830年まで，正規の教授の半額ほどの俸給で，力学と数理物理学の講義を続けた．その中には，解析学特にベキ級数に関する彼自身の新しい研究成果（4.2，4.3節）を含ませるなど，当時としては最先端の講義をした．

この時期がコーシーの生涯で最もみのり豊かな時代である．講義の具体的内容については第3章以下で解説する．だがこの時代の研究は主として解析学とその応用としての力学・数理的物理学（弾性体，光学など）に集中し，若い頃に手を付けた代数学・幾何学・整数論などは一時的にせよ忘れてしまった印象である．

1.4　論文紛失事件

復古王朝の期間中コーシーは学士院に送られてくる多数の論文の審査に精力的に活動した．ところが薄命の天才アーベルとガロアの論文を紛失（あるいは破棄）したため彼らを不

幸な目に合せたとして悪評が高い．

　この問題は本シリーズの『アーベルの数学』，『ガロアの数学』などで論じられている．コーシー伝の執筆者としては，コーシーの側からの弁明に一言を費さなければならないが，そのためにはまず当時学士院に送られてきた論文の内容について一考する必要がある．

　その当時は今日のような学会も商業的な学術研究論文掲載雑誌もほとんどなかった．数学同好会の類はあったが，それに関係して出席・発表をするためには会員と何らかのコネが必要だった．そうした関係のない大多数の「アマチュア学者」にとって，自分の研究を発表するほとんど唯一の機会は，学士院への投稿だった．誰か会員に論文を紹介してもらうことができれば確実だが，そのためには当人とコネがあり，相手に自分の研究の概要を説明して納得してもらう必要があった．だから実際にそのような手順を踏む者は稀であった．大半の論文は郵送するか，会合のある日に持参してしかるべき学者に見てもらうしかなかった．

　その中には珠玉の論文もあっただろうが，大半は誤ったないしはつまらない内容だったと想像される．後年フランス学士院は，三大作図問題（立方倍積，角の三等分，円積問題）と永久機関の発明に関する論文は受理しないと宣言したくらいである．投稿論文は各種の委員会が審査し，重要と思われる論文が承認されれば『非会員学者の論文』という論集に発表された．実際学士院の雑誌に論文が掲載されるのは，当時の若い学者達の登竜門だった．

　コーシーはかなり精力的に投稿論文を審査したようである．しかし彼自身は，自分の講義や研究に忙しく，つい大事な論文を失念することがあったらしい．また議論が厳密でないとして却下した論文もあったようだ．例えば射影幾何学を創始

したポンスレは，自分の論文が厳密でないという理由でコーシーに拒否された事態を，怒りと苦痛に満ちた告白の形で発表している（1825）．

こうして見ると，ポンスレ，アーベル，ガロア以外にもコーシーの「冷たい仕打ち」にあって泣き寝入りした無名の数学者の卵（?）達が多数いたかもしれないとかんぐりたくなる．コーシー悪玉説もまんざら根拠のない悪口ではない．

他方コーシーがパリに留学ないし表敬訪問した外国の学者達と親しく交わり，彼らの論文を高く評価して学士院に報告している記録も多数ある．スイスのスツルム，ドイツ（プロシア）のディリクレ，ロシアのオストログラヅキーなどがその例である．

コーシーはこの頃には既に成功し威信のある学者だった．彼自身若い頃ラグランジュ・ラプラス・ポアソンといった学会のリーダー達に目をかけられ，出世のいとぐちをつかんでいる．だから意見や保護を求めにくる無名の若い学者達に適切に対応し，よい所を見つけて励ましを与えるのは当然の義務と心得ていたと思う．しかしそれを適切に行うのは容易なことではなかった．

コーシーは自分自身の研究に忙しく，学閥・学派のリーダーにはならなかった．人によっては彼はラプラスのような道徳的威信や，フーリエのような如才なさ・寛大さに欠けていたといっている（フーリエは政治家でもあり，ナポレオンの治世下イゼール県知事を勤めたこともある）．そのような性格の欠点がたまたまポンスレ，アーベル，ガロアに対して不幸な結果をもたらした感がある．

アーベルは当初コーシーを高く評価していた．「今フランスで本当に「数学」を研究しているのはこの人だけだ」と賞賛している．1826年10月30日に，「超越関数の極めて広い族の

一般的性質」について「大変に重要な論文」をコーシーに見せ，数日後に正式に学士院に提出した．しかしどうしたことかコーシーはこれを失念して報告をしなかった．後にヤコビの抗議やアーベルの死去（1829年4月6日）の知らせを受け，ルジャンドルの矢のような催促にやっと重い腰を上げて同年6月に報告書を出したが，それはこの大論文にふさわしくないおざなりの事務的な報告書にすぎなかった．そのようになった真の原因は今のところ不明である．

　ガロアに対しては，近年数学史の大家であるルネ・タトンが関係書類を再調査して重要な論文（1971年）を発表している（日本語訳もある）．それによると「中学生の投稿だといって紙屑籠に捨てた」という話は時代小説の一場面にすぎず，実際にはかなり注目したらしい．タトンはコーシーが体調を崩したので学士院の会合に欠席するが，当日若いガロアの研究論文の報告を予定しているという1829年（30年の誤り）1月18日付の手紙を確認して引用している．タトンの仮説は，コーシーがアーベルによる5次方程式の代数的不可解性の結果を知り，ガロアの論文の独創性を高く評価しながらもそれとの重複を気にし，多少不完全な部分の残る論文を伏せて，むしろその後の成果をまとめた新しい論文を書いてグランプリを目指すコンクールに応募するように勧めたという内容である．

　だがガロアの側も1829年の春から夏にかけて父親（町長）の自殺と，理工科学校の入試不合格という不幸が重なり，ひどい挫折を味わった．結局高等師範学校に入学して学者の道を志すことになる．他方コーシーも油の乗り切った時代だったものの既に心身ともに疲れており，七月革命以降外国亡命の道を選ぶことになる（次節参照）．このためにコーシーとガロアとのかぼそいつながりが完全に切れてしまった．ガロアがその「遺言書」（1832年5月）で，「この手稿の正否でなく

その重要性をガウスまたはヤコビに尋ねてほしい」と書いたのは，すでに自国の学者達にあいそをつかした現れだろう．

　もちろんタトンの研究によってコーシーとガロアとの関連がすべて明らかになったわけではない．細かい部分は永遠の謎だろう．ただこの研究によりこれまでの一面的なコーシー悪玉説を多少見直す必要が生じたのかもしれない．

　処女論文で正多面体の変換群を扱った（6.1節）コーシーが，その後群の概念をまったく忘れてしまい，ガロア群の意義を十分に理解できなかったという説もある．しかし後年（1844以降）コーシーは置換群及びその応用に関する有用な研究を発表している．

　今日の群の概念が究極的にまとめられるのは，ジョルダンの『置換論』(1871) まで待たなければならないとしても，群の性質について既に18世紀にラグランジュの先駆的研究がある．コーシーもそれに負う所が多い．群に関しては一時興味の中心から外れて主として解析学に集中した（それは理工科学校その他で代数学関係の講義がなかったせいという説もある）ものの,「忘れてしまった」というのはいいすぎの感がある．但しもしかすると群論に復帰したのはガロアの影響があるのかもしれない（今さら確かめようもないが）．

　コーシーは後年ガロアについてはまったく沈黙を守った．リューヴィルがガロアの遺稿を整理して発表した折にも何も述べていない．

　以上の記述はタトンの論文を一読した筆者の読後感に過ぎず，コーシーの弁護になっていないかもしれないが，一つの観点として紹介した次第である．

1.5　亡命

　1830年の七月革命はある意味でフランス大革命のやり直しだった．それ以降今日まで三色旗がフランスの国旗となり，ラ・マルセイユズの曲が国歌となって，定着した．革命は露骨な反動体制を進めた復古王朝の必然的な結果といってよい．しかし直接の動機は同年7月26日の総選挙でリベラル派が勝利した直後に，時の国王シャルル十世が議会を解散し言論の自由を封じ選挙制度を変更する勅令を出したことによる．

　これをクーデタだと理解したパリ市民が蜂起し，僅か3日間の市街戦で勝負がついた．シャルル十世は流刑を宣告されたが，その前に家族とともにイギリスに脱出し，その後ヨーロッパ各地を流浪の末プラハに落ち着いた．他方革命の指導者達は余りに急進的な共和制を恐れ，「過激派」（と目された人物たち）を「革命を全国に広めよ」という口実で地方に追いやり，王族の中で比較的穏健派・改革派だったオルレアン公ルイ・フィリップを王に据えた．彼は議会においてまず「国の代理官」，続いて「フランス国民の王」（フランス国王でなく）に任命された．

　少し脱線するがその後の政治情勢を述べる．ルイ・フィリップの七月王朝は結局「ブルジョアの政府」に終始した．ブルジョアという語は元来は町人の意味で，日本語の「町人」とも似たニュアンスの語だった．フランス大革命のごく初期まで，それは虐げられた平民の代表の意味であった．しかしまもなく今日使われるような「金持ち階級」の意味に変った．当時のフランスで選挙権をもつためには，ある程度以上の税金を納め，ある期間定住することが条件だった．当然都市の労働者は疎外されていた．彼らが第四階級・プロレタリアートと称し，赤旗を自分達の表現として行動を始めるのは七月王朝下においてである．18年間にわたる七月王朝はいろいろ政情

不安が多く，水面下で王制復古と共和制の暗闘がくりかえされた．しかし端的には金権政治の時代だと理解してよい．

ところでその少し前，コーシーは一方では論文を大量生産し，他方ではカトリック信仰運動にたずさわるなど忙しく活動していたが，そのために身体的にも精神的にもひどく疲れていたようである．教会の一部の有力者は自主性を守るためにいち早く「リベラルなカトリック」の組織を創設したが，コーシーはこれらとは別個の行動をとった．七月革命後父や弟達はいち早く転向して新政府に忠誠を誓った (そのために「風見鶏」と呼ばれた) が，コーシー自身は亡命を決心した．8 月初めに旅券を申請し，それまでになかったことだが学士院の会合を 1 ヶ月以上も欠席した．8 月 30 日に例会に出席したのが最後で，9 月初めに家族を残して単身「外国旅行」にでかけた．

次弟のアレクサンドルは土木局長宛に，兄が病気療養のためにスイスとイタリアへ旅行に出た旨の弁明書を送った．しかしやがてこうした弁明は通じなくなった．彼は同年 10 月にパリ大学准教授，翌 1831 年 2 月に理工科学校正教授と土木局技師の資格を失った．それからしばらくの間はコーシーの生涯で最大の「空白期」とされている．

とはいえおよその足取りは知られている．まずスイスのフリブールに行った．そこはフランス国境に近く，フランス語が公用語とされる地域である．さらに当時の州政府が血統貴族に好意的だったため，フランスからの亡命貴族達の小集団があった．コーシーはそこに落ち着くと，早速「スイスアカデミー」の企画をたてた．民間資金が思うように集まらなかったので，いくつかの小国の王に資金援助を期待し，ある程度の協力をとりつけたようである．しかし同年 12 月にフリブールでクーデタが起こり，貴族達の反動体制が転覆しこの企画は画餅に帰した．

その後一時帰国したが，政情不安を目撃して本式の帰国をあきらめ，再びスイスに戻ったらしい．まもなくトリノ王国から招待され，トリノ大学の物理学教授に任命された (1832年1月)．これに感激して最初の講義をイタリア語で行ったという (但し全集にあるトリノでの講義全22講はすべてフランス語である)．1932年3月に一時帰国し，学士院に論文を提出している．またこの頃ローマに行き，ローマ教皇 (グレゴリウス十六世) に謁見したという記録が残っている．

トリノに落ち着いて間もなく末の弟ユージェーヌ (三男，1802年生まれ) が家族を代表して訪ね，帰国を勧めた．コーシー自身もそれに応ずる気になったらしいが，不幸にもパリでラマルク将軍の葬儀をきっかけとした蜂起 (1832・6・5/6) が起った．短期間だが多数の死者が出て，その後激しい弾圧が行われた．これを口実にコーシーは帰国を最終的にあきらめた．なおガロアが決闘で倒れたのはこの直前である．

トリノでの講義も余り香ばしくなかった．この高名な大学者の名声をしたって30名余りの学生が聴講に来たが，結局余りにも「高尚」な講義についてゆけず，最後は1人だけになったという．最後に残ったのはメナプレアという人物で後に軍事技術者として有名になり，大臣にまでなった．

しかしトリノでのコーシーの不人気は，単に難解な講義のせいだけでなく，同僚のプラナが彼を強力なライバル視して，足を引っぱったという理由が強いようである．

トリノ大学での業務は1年半程で終った．1833年6月ごろコーシーは当時テープリッツ (現在チェコ共和国テプリツェ) にいたダマス男爵から，「ボルドー公の教育掛」になってほしいという2通の手紙を受け取った．それはボルドー公の祖父シャルル十世の強い希望のよるものである．ただその裏にはこの「亡命宮廷」内の陰謀・権力争いが複雑にからまっていた．

コーシーは結局この要請を受諾し，1833年7月にトリノでの最後の講義・試験を済ませてプラハに旅立った．このときコーシーはトリノを離れ難い気持ちだったか断り切れなかったという説と，トリノも余り居心地がよくないので別の場所に移るよい機会とした説とがある．個人の心の内面まではわからないが，両方ともある程度真かもしれない．

その後にこの新しい仕事に6年間情熱を注ぐことになる．しかし結論をいうとこれは失敗に終った．亡命宮廷内の色々な争いや「手に負えない生徒の侮辱」に耐え，随分と屈辱的な態度もとった．しかし端的な原因は，彼が「頭がよすぎ」て「水準の低い生徒」に合せた講義ができなかったせいと思われる．ほんのちょっとした躓きにいち早く気が付いて適切な指導をするのが名教師なのだろう．しかし頭がよすぎる先生にはそれが意外と困難であり，躓きをそのままにして先へ進みたがるために，生徒を本格的に嫌いにしてしまう傾向がある．これは「反面教師としてのコーシー」として特に興味がある．

1838年にボルドー公は18才に達し，そこで教育は終った．コーシーの任務も終ったが，彼に帰国を決心させたのは，金婚式を祝った母からの手紙だった（母は翌1839年5月に亡くなった）．

8年間にわたる亡命生活は一見むだだったように見える．しかし皮肉なことに彼はこの単身亡命によって家族の煩わしさを逃れ，結果的に健康を回復したようであり，生涯における充電期間になった．シャルル十世は彼に功績として男爵の位を与えた．これは「虚名」にすぎないが，コーシー自身はこの称号を大層誇りにしたようである．事実「コーシー男爵」と記述している本もある．

ボルドー公は祖父シャルル十世の死後「正統王統派」の党首になった（父のペリー公は彼の生れる前に暗殺されていた）．後

にオルレアン家の人々とも和解し，即位して「アンリ五世」となる可能性があったが，この「王政復古」は結局失敗に終った．

1.6　失意の帰国

パリの学者達の環境はコーシー不在の間に大きく変化していた．「復古王朝」の 15 年間は，政治上はともかく数学・物理学の世界は黄金時代だったが，その時代の立役者達が相次いで亡くなった．フーリエ（1830），ルジャンドル（1833），アンペールとナヴィエ（1836），ブロニ（1839），ポアソン（1840），ラクロア（1843）などが最も有名な人々である（かっこ内は没年）．50 才になったコーシーはもはや古手であった．悲劇的な最後（1832）をとげたガロアは番外として，1830 年代にフランス数学界を背負って立ったのはスツルム（スイス生れ，1803-1855）とリューヴィル（1809-1882）だろう．彼らについて詳しく述べるのは控えるが，固有値問題を初め解析学の諸分野でおなじみの数学者である．リューヴィルは後述のようにこの後コーシーのライバルになる．

コーシーは帰国後「フランス国民の王」に宣誓の要がない学士院に戻り，その後再び多数の論文をその「報告」に寄稿し続けた．それは亡命中に得た着想を一気に発散させたものであるとともに就職運動でもあった．当初は学士院の「報告」の長さに特別の規制がなかったのが，やがて 1 稿 4 ページ以内（さらに後には 2.5 ページ以内）という制限ができたのも，コーシーの寄稿洪水に対処するためといわれるほどである．それに対して友人からの批判・忠言もあったが，コーシーは聞き入れなかったらしい．

前に述べたとおりコーシーの父はかなりの高官であり，妻の実家も資産家だった（そして後に義父の遺産も手に入った）

ので，食うのに困るほどの赤貧ではなかったにせよ，いつまでも無職ではいられない．少し後にパリ市のミッション系私立中学バシリエ校で数学や理科を教えるようになった．そこでの講義・演習書が全集第2集第11〜14巻に収録されている．それは必ずしも初等的な内容ではなく，微分積分学・数理物理学のかなり高度の内容を含む．

しかしコーシーはこのような「仮の職」には満足せず要職を狙っていた．彼が最も強く希望したのは暦作成局だった．局としても数学者の局員が高齢化し，引退したり死亡したりして手薄になっていたので，現役の有能な数学者を望んでいた．実際1839年に一度コーシーが選出されたことがある．ところが宣誓問題がひっかかって宙ぶらりんになり，正式に任命されないまま時日がたった．文部大臣が調停に乗り出したこともあったが結局うまくゆかなかった．そして最終的に暦作成局はコーシーをあきらめ，ポアンソを局員に任命して一件落着となった．

コーシーにとってさらなる挫折は，1843年にコレージュ・ド・フランスの教授に立候補して，結局落選したことである．当時の規則では同校の教授任命には次のような手順がとられていた．まず同校の教授会が選挙によって一人の候補者を推薦する．それとは別に学士院が第2の候補者を推薦する．文部大臣が最終的にそのどちらかを決めて任命する．但し学士院が別の候補者を推薦することは例外的で，たいていは教授会が推薦した候補者をそのまま追認するのが慣例だった．

このとき立候補したのは，コーシーの他リューヴィルとリブリだった．多少の紆余曲折はあったが，結局選出されたのはリブリだった．これには当時の数学界が反撥した．コーシーはそれを背景に学士院からの第2の候補者を狙って運動したが，結局再びリブリが当選した．但しこの折の選挙結果は異

常だった．リブリが最多数の票を得たものの，全投票中 6 割余りの白票があったのである．本来ならばこの選挙は無効である．しかし学士院は「最多数の得票者」としてリブリを推薦し，結局彼が任命された．

　学士院はこの事件を内輪に済ませようとして，コーシーとリューヴィルが投稿した言明を掲載拒否した．しかしこのために，後に投稿された論文についてリブリとリューヴィルの間で「大論争」が起こるなど，深いしこりを残した．

　コーシーは沈黙を守った．前述のようにこの頃リューヴィルがガロアの遺稿を整理して発表したが，それについても何も述べていない．実はその 8 年後に再びコーシーとリューヴィルがコレージュ・ド・フランスの教授職を争い，コーシーが再び苦杯をなめる結果に終る（次節参照）．ついにコーシーは大学教授の地位をあきらめ，著述家として晩年を送る決心をしたらしい．いわば光栄ある孤立の道を選んだ形である．コーシーはこの頃多少皮肉を込めて自分を「老教授」だと定義している．それは「若者達が好意をもっていうことを聞いてくれ，若者達のために仕事をしつつ彼らに役立とうとしている老学者」という意味である．

　ただし以前の講義録を改訂増補した『微分学講義』（1841 年），『積分学講義』（1844 年）はともに好評であり，既に「近代解析学の父」としての名声が確立していた．コーシーに直接の弟子は少ないが，この時期に優れた論文を書いたのを高く評価して激励したルヴェリエ（天文学者），ローラン，ピュイズー，ド・サン・ヴナン（工学者）などが彼の高弟といってよいかもしれない．

　この時期だけではないが，コーシーは生涯カトリック関係の宗教活動・慈善活動にも多大の尽力をした．そのような方面で彼は失意の中にもある程度満ち足りたつつましやかな生

活に安住していたらしい．二人の娘もこの頃相ついで結婚し，彼は余生を平穏を送るかに見えた．しかし政治情勢が最後の一波瀾を起こす．

1.7 晩年

前述のように七月革命はフランス大革命のやり直しだったが，多くの矛盾をかかえていた．その後 1845 年のアイルランドでのじゃがいも飢饉は英国だけでなくヨーロッパ各国に多大の危機感をもたらした．それがやや立ち直った 1848 年 2 月にフランスで二月革命が起った．

七月革命の時とは逆にコーシーは大変喜んだ．もっとも彼の家族は喜んではいられなかった．父は半世紀近く住み慣れた元老院の官舎を追い出された．かつてフランス革命中に隠遁していた（1.1 節）田舎の別荘に移ったが，この衝撃と老齢のために，同年 12 月にそこで 88 才の生涯を閉じた．

しかしコーシー（並びに王党派・保守派）が期待したようなボルドー公（当時シャンポール伯爵）が「アンリ五世」として即位する夢は速やかに破られた．王政はもはや問題にならず，共和制を掲げた暫定憲法が公表された．それから半年ほどして米国憲法に則った第二共和国憲法が制定された．

少し脱線するが当時の情勢を略述する．1848 年の秋に第 1 回大統領選挙が，当時としては画期的な普通選挙（成人男子全員が有権者）によって実施された．

このとき本命とされたのは，政府与党の推すカヴェニャック将軍だった．しかし彼は同年 6 月のパリでの労働者の蜂起（いわゆる六月暴動）を鎮圧した責任者として，左派陣営からひどく憎まれていた．そのため彼に対抗して左派から 3 名が立候補した．それでは票が分散して共倒れになると思う人が多

いだろう（実際そうなった）．しかし彼らには独自の成算があった．

当時の左派は小党分立状態で一本にまとまりにくかった．話し合いで何とか候補者を一人にしぼれば，かえってその人に不満をもつ大衆の票を逃すおそれがある．その上フランスの大統領選挙は今日にいたるまで原則的に2回投票制である．第1回で過半数の得票を得た候補者がいなければ，上位2名の決選投票によるという規則である．だとすれば，第1回には多数の候補者を立てて票を集め，決選投票で弱者連合による逆転を狙うという戦術は，あながち不合理とはいえない．

しかしこの折にはこの作戦は大失敗だった．というのは当初泡沫候補と見られていた「無名の新人」ルイ・ナポレオン（大ナポレオンの甥）が，ナポレオンという国民的英雄の名がうけて，全有効投票の74％に相当する550万票を獲得し，悠々と当選してしまったからである．本命とされたカヴェニャック将軍は150万票余り，左派連合は3人合せて40万票ほどという惨敗に終り，失笑をかったくらいであった．

ナポレオン大統領は大変に尊敬され，呼称も「大統領殿下」とでもいうべきものだった．しかし所詮議会に与党をもたず，国民の人気だけに支えられた「裸の王様」であり，議会と対立を繰り返した（憲法が不備だったという意見もある）．憲法改正も試みたが失敗した．しかし最終的には1851年12月3日，巧妙に計画されたクーデタを敢行して強制的に議会を解散させ，全権力を手に入れた．しかもその直後に全国民に信を問い，圧倒的多数の賛成を得るなど普通の独裁者とは違った「民主的な」態度をとった．

その後「国民の推戴」を受けて皇帝ナポレオン三世となり，普仏戦争まで20年間安定政権を維持した．彼は悪評が高くそれも理由がないわけではない．しかし彼の治世時代はフラン

スの近代化大発展の時期である．全国的鉄道網の整備，パリ市近代化大改造（オスマン計画），さらにスエズ運河の工事などがその一例である．ある意味で「無党派政治家」の代表として近年見直しの風潮である．

　ところでコーシーは父の死後まもなく，一時はあきらめていた公職復帰を果たした．国家に対する忠誠宣誓はもはや障害にならず，空席ができるのを待つだけでよかった．若干の曲折はあったが，1849 年 3 月に正式にパリ大学数理天文学教授に任命され，終身その職にあった．

　しかしその後は 1851 年にコレージュ・ド・フランスの幾何学教授の候補としてリューヴィルと争い，生涯最後の挫折を味わう．リューヴィルは彼の親しい後輩であり，複素関数論の発展などに協力したが，このために彼との間が気まずくなった．楕円関数に関するエルミートの論文について，優先権をめぐって一時激しい論争までしている．

　さらにルイ・ナポレオンのクーデタの直後に，コーシーは危く最悪の巡り合わせになるところだった．もしも皇帝への忠誠の誓いを要請されたなら，せっかく手に入れた教授職も棒に振る覚悟をし，しばらく自発的に講義をやめてしまった．幸いナポレオン三世は寛裕な態度をとり宣誓を免除した．

　コーシーは漸く自分の「頑固一徹」な態度が理解されたものと考え，講義を再開し死の直前まで続けた．結果的にコーシーとリューヴィルとが両校で複素関数論・楕円関数の講義をしたことは，比較的短期間に終ったにせよ，当時完成に近づきつつあった最新の理論を普及させるのに大いに役立ち，若い学徒にかなりの影響を与えたようである．これがコーシーの生涯最後の奉仕だったのかもしれない．

　晩年になってもコーシーは学士院に寄せられた多数の論文の審査を続けていた．亡くなった後学士院はたまっている論

文を返却するよう，遺族に何度も催促した記録が残っている．

　前にも述べたようにコーシーは大数学者であった以上に，宗教活動・慈善運動に重きをおいて活躍した．しかし生涯最後の半年ほどは不幸だったといってよい．身体的に疲れただけでなく不毛な優先権争いに心をすりへらした．昔からの友人ビネ（1856）や最愛の次弟アレクサンドル（1857．3．30）が相続いて亡くなった．その後「悪性のかぜ」に苦しみ，1857年5月には医者から転地を勧められた．5月12日に避暑を兼ねてソーに旅立った．しかし5月21日に病状が悪化し，22日から23日にかけての夜，未明の午前3時すぎ（4時ごろともいう）に息をひきとった．享年68才である．

　ドイツでの「数学王」ガウスが亡くなって2年3月後に，フランス「最大の数学者」も亡くなった．それは新しい時代の到来を告げる変り目であった．

第2章　コーシーの業績展望

2.1　コーシーの論文

　コーシーは極めて多産な学者である．その全集は全27巻ある．

　全集はまず第1集全12巻が，死後十数年を経た1876年から順次刊行され，19世紀のうちに刊行が終った．その内容は学士院（科学アカデミー）に提出された論文の集大成であって，後述のような分野分けがされている．

　続いて第2集が20世紀に入ってから順次刊行された．最初の2巻は学士院以外の雑誌に発表された諸論文で，第1巻は理工科学校の紀要に発表された諸論文である．第2巻は他の諸雑誌，特に1830年代にリューヴィルが中心になって刊行した「数学物理学雑誌」（今日の Journal de Mathématique の前身で，しばしばリューヴィル誌とよばれる）などに掲載の論文を収録する．

　第3巻以後はむしろ著書というべき内容である．第3巻，第4巻は次節で解説する理工科学校での講義録であり，第5巻も同類で『無限小解析の幾何学への応用』(1826) である．第6〜9巻は1826〜30年の演習書であって，複素関数論の初期の内容も含まれている．

　第10巻は亡命中のトリノ (1832/3) とプラハ (1836) での講義録である．第11〜14巻は帰国後パリのバシリエ校での数学・物理学演習書であり，かなり高度の微分積分学や理論物

理学の内容を含む．最後の第 15 巻は第 1 巻の刊行から 1 世紀近くたった 1974 年に漸く発行された．補遺，学士院に提出した諸文書を集め，全体の目録がついている．後に改訂された 3 冊の著書：『微分学講義』(1841)，『積分学講義』(1844)，『変分学講義』(1846) は収録されていない．さらに学術的でない記事・提言 8 篇は全集に収録しなかった旨の記載がある．コーシーの論文の総数は本によって差がある（700 篇とか 800 篇とかといわれている）．全集において付けられた番号を総計すると，第 1 集に 589 篇，第 2 集に 419 篇，合計 1008 篇となる．但し講義録の類では，検索の便宜上からか各章ごとに順次番号が付いている部分があるし，第 1 集では学士院での口頭発表（題だけまたは要旨のみ）も数えているので，この数字は若干水増しの感がある．

　それにしても生涯にわたって発表した論文が千篇というのはすごい．しかも（当時としては当然かもしれないが）そのほとんどが単著である．――本書で後に述べるように，コーシー・アダマールの公式，コーシー・コワレフスカヤの定理，コーシー・リーマンの微分方程式，コーシー・シュワルツの不等式など，コーシーと他の学者の連名でよばれる数学の術語がいくつかあるが，どれも共著論文ではない．個々の由来はそれぞれの箇所で説明するが，それらは後の学者による改良・拡張あるいは再発見である．

　コーシーは "Publish or Perish"（発表しなければ破滅）という現在の科学界でも十分やってゆけたかもしれない．その論文中には「就職運動」的色彩のものもある．しかし彼は「絶えず思想が発散し」て，思いついたことを次々に論文として発表する性格だったといわれる．晩年になってから断片的に発表した内容（複素関数など）を一巻の書物にまとめようと計画したが果たせなかった．そのせいもあって遺稿というべ

きものは少ない．死後刊行されたのは『変分学講義』（改訂版，1861），『物理学七講』（1868）くらいである．但し彼は生前既に「近代解析学の父」として名声が確立していたし，多くの研究が次の時代の学者に引きつがれて発展したので，死後急激に忘れられることはなかった．学界中でも孤立気味であり，大きな学派の大将でなかっただけに，かえって名が残った印象である．

　年代的に見ると，やはり学士院会員になり理工科学校などで教えるようになった1815～1830年（26才～41才）が全盛時代である．量質とも最も充実した時代で優れた成果が多い．1830年代には論文が少なく，特に全集を見ると1834年には発表された論文が皆無である．もちろんこれはスランプではなく，前述のように外国に亡命して研究職から遠ざかった環境のせいである．亡命期が再充電の機会だったといわれ，帰国後1840年代に再び多くの論文を発表したが，内容的には若い頃の成果の展開応用が主という印象である．

　ただその成果の質はともかく，彼は生涯現役の学者だった．生前最後に発表された論文は，学士院紀要に載った天文学の観測に関する短い注意（数式なし）で1857年5月4日付となっている．これは彼が亡くなる20日ほど前である．数学の論文も4月27日付のものがある．オイラーのように亡くなる当日まで論文を書いていたわけではないにせよ，生涯にわたって驚くほど精力的であった．

　彼の業績は解析学を中心として広義の数学全般にわたる．全集第1集では以下のように分類されている（アルファベット記号が途中で飛んでいる理由は明記されていない）．

　A. 代数学・代数方程式　B. 行列式　C. 微分積分学の基礎　D. 関数（さらに実関数，複素関数，代数関数　と細分）
　E. 定積分　F. 楕円積分　G. 超楕円積分　H. 微分方程

式（さらに常微分方程式，偏微分方程式と細分）　I．数論　J．組合せ・確率　K．幾何・三角法　L．2次曲線・2次曲面　M．代数曲線・代数曲面　O．微分幾何　R．運動学・力学　T．数理物理学（さらに流体力学，弾性体，光学，熱学と細分）　U．天体力学・摂動法　V．科学哲学　X．実用計算法

　第2集では上述と若干異なる分類を採用し，総索引では題目のアルファベット順に項目が並べられている．

　このように見ると多岐にわたるようだが，今日のように学問が細分化されていなかった時代を考慮すると，一応数学全般といってよいだろう．もちろんその中核は上記のC.D.Eの項目であり，本書で主として解説するのもその部分が中心である．じっさいこの方面の解析学の基礎づけ・再構成が彼のライフワークであり，ニュートン・ライプニッツに始まる微分積分学の流れの中での大分水嶺をなす（第3章参照）．

　コーシーによる不等式の証明（6.2節）などの「小品」は，論文としてでなく講義録の中に，あるいはその付録の形で発表されたものが多い．物理学の研究も天体力学，弾性体，光学，熱学など諸分野に及んでいるが，当時の最先端であった電磁気学にはほとんど触れていない．同僚のアンペールやビオ，サヴァールなどにまかせた感がある．かつて理工科学校で同僚だったアンペールとは終生親交があり，数学上の問題に関しては色々と注意もしているが，電磁気学にはわざと触れなかった印象である．

　コーシーは第1章で略述したように学界中では孤立しており，自分の派閥を作らなかった．したがって有名な学者である割には弟子というべき人物が少ない．もっとも彼の著作を通じて恩恵を受けた後の時代の学者は多数いる．我々もその子孫のはしくれといえるかもしれない．

2.2 コーシーの著書

コーシーの著書は多数ある．彼の著書はすべて義父のギョーム・ド・ビュールが経営するビュール社から刊行された．微分積分学の基礎づけといった体系を公表するには，論文よりも著書の形がふさわしいと思われる．最初の著書は，その標題を直訳すると次のようになる．

王立理工科学校での解析学教程．第1部　代数解析，1821
——略称『教程』，全集第2集第3巻に収録

これはコーシーの著書の中でも，最も有名な本である．しばしば『代数解析』としても引用される．代数解析という語は今日では別の意味に使われるが，当時の用法は微分積分学のための多項式代数，いろいろな初等関数（指数関数・三角関数など），級数の扱いなどを意味した．コーシーはこの本の中で関数の連続性や級数の収束について画期的なほぼ完全といってよい厳密な研究を述べている．その明晰性と厳密性によって，当時の若い学徒の必読ともいうべき教科書になった（第3，4章参照）．

しかし準備が余りにも長すぎ，全体で470ページの大著で，内容も難しすぎるとして理工科学校では歓迎されなかった．そのためコーシーはこの第2部の出版をあきらめ，学生に配布していたプリントを編集して第2の著書を刊行した．標題の直訳は次のとおりである．

王立理工科学校での無限小解析に関する講義要論，第1巻，1823
——略称『要論』，全集第2集第4巻に収録．

これには小堀憲による次の日本語訳もある．

コーシー微分積分学要論，共立出版，現代数学の系譜 1, 1969

　前半 20 講が微分学，後半 20 講が積分学にあてられている．表面的に見ると少し前の時代の微分積分学の教科書（例えば旧制高等学校での）とよく似た印象さえ受けることがある．
　但しこの第 2 巻は同書に予告され，実際に第 2 学年の講義をまとめて主に微分方程式論を扱う予定だったらしいが，結局刊行されなかった．その断片がジランの編集した『コーシーの微分方程式』(1981) にまとめられている．今日の我々から見ると（若干の欠陥があるにせよ）優れた標準的教科書と思うが，当時は難しすぎるという批判が続出した．第 2 巻が刊行されなかったのもそのせいらしい．
　その後『要論』の初版が売り切れたのを契機として，これを分割し，大幅に書き加えて

　　　　微分学講義．1829．積分学講義．1832
　　　　前者は全集第 2 集第 4 巻に収録．

を刊行した．これらの改訂版（微分学，1841；積分学，1844）が後にコーシーの解析学の著書として底本とされているが，これらは全集には収録されていない．これらの書物はやがて標準的な教科書として広く読まれ，解析学の近代化が進むとともにコーシーの名声を高めた．本書でも特に最初の 2 冊を主に引用する．
　その他全集第 2 集第 5 巻に収録された微分幾何学 (1826)，物理学講義や死後刊行された変分学講義（改訂版；1861）などいくつかの著書がある．
　上述の著書，特に『要論』の内容について第 3 章以降で解説するが，現在の解析学への影響について一言しておこう．
　17 世紀における微分積分学の形成史を見直すのは大変だが興味深い．とはいえニュートンやライプニッツの原典を（た

とえ日本語訳でも）読み通すのは至難である．ベルヌイ兄弟やロピタル侯爵の著作も興味あるが，18世紀の解析学の代表は，やはりオイラーの『無限小解析入門』であろう（日本語訳もある）．近年これが注目を集めており，ある程度学習した者が虚心に読み直すと得る所が多い．しかしそれは初心者向きとは言い難いように思う．

その点コーシーの著書は後の教科書の一つの標準になった感があり，かえって余り厳密性にこだわらない初心者向きかもしれない．確かに関数の定義，級数の収束・発散の区別，自明と考えられていた中間値の定理の証明などの成果は画期的といってよい．

1820年に学士院の例会でコーシーが級数に関する研究を発表し，「収束しない級数は無意味だ」と述べた．これは並いる大学者達の耳を打ったらしい．特に老ラプラス（このとき71才）は青くなってあわてて帰宅し，一切の訪問客を断って自著の天体力学で扱った級数の収束性を，コーシーの判定条件に合せて吟味したという逸話が伝えられている．その検討にどれだけかかったかはっきりしないが，全部の収束性を確かめて漸く安堵し門を開いたという．

但し関数項の級数の収束について（4.5節参照）コーシーの議論には誤りないし不備があり，後の学者による修正が必要だった．『要論』は簡潔に書かれているのでうっかりすると読みすごしがちだが，その前の『教程』や後の『微分学講義』・『積分学講義』では詳述されているためにかえってあらが目立つ部分が多い．もちろんそれらの欠点は現在ではすべて修正されている．

2.3 コーシー以前の解析学展望

この節は次章の冒頭に置くべき内容かもしれないが，本文の背景という意味でここにまとめた．

解析学 (analysis) の原義は分析の意味だが，16 世紀末頃から式の計算を扱う代数学，図形に関する幾何学とは違う，変化する量を扱う数学，ないし自然現象の記述言語ともいうべき新分野が発展してそのようによばれるようになった．

微分積分学の形成史は数学史の重要な一章である．端的にいえば接線・極値問題などを扱う微分法と，面積・体積の計算のための積分法とが互いに逆演算であることが確認された時がその誕生である (3.8 節参照)．いろいろ断片的に研究されてきた諸技法の関連が明らかになり，17 世紀後半にニュートンとライプニッツによって微分積分学の体系がまとめられた．

余談ながら微分積分学の創始者として他にも何人かの名が挙げられることがある（例えばロピタル侯爵や関孝和など）．しかしそれらは業績内容の誤解ないしはお国自慢に過ぎない．

新興の解析学は 18 世紀に入ってベルヌイ一家の数学者やダランベール，オイラーなどによって諸方面へ応用され，輝かしい成果を上げた．しかしその成功のゆえに (?)，基礎について深刻な疑問が生じた．拠り所としている「無限小」の意味づけである．実際バークレイ僧正の無限小に対する批判（1734）は深刻だった．現在ではバークレイ僧正を「解析学の基礎づけの先駆者」の一人と位置づける歴史家さえある．極端にいうなら当時の解析学は「実験科学」であり，得られた結果が正しいから基礎も正しいだろうという風潮だった．迷うな・前進せよ・そのうちにわかる，というのが関係者のモットーだった．

学問の発展のある段階では，基礎の反省に悩むよりも論文を多数書くほうが先決という場面がある．量子力学の誕生直後（1927 頃）にボアがアインシュタインの異議（神様がさい

ころを振ることはないなど）に対して，若い学徒達に，「論争はわしにまかせて君達は論文を量産せよ」と指導した態度がその一例である．

この場合結果的にはボアの態度が正しかった．後年（1935）アインシュタインらは今日 EPR パラドックスとよばれる思考実験をして「理論的にあり得ない」と疑問を投げかけた．しかし 20 世紀の終り頃に，あり得ないはずの量子もつれが実験的に確かめられ，アインシュタインらの結論が誤りであることが確定した．皮肉なことにそのためにかえって結果的には誤っていた「EPR 論文」が有名になった（そういう思考実験をした人が他にいなかったため）．

18 世紀の解析学の状況もこれに近かった．極限の概念だけでなく，関数の概念自体もあいまいなままに残されていた（後述）．

関数の原語 "function" は原来は機能の意味である．歴史的には考察の対象となるいろいろな量を意味したが，やがて微分や積分の演算の対象物といった概念と自覚されるようになった．オイラーの『無限小解析入門』（1748）には，冒頭に「定数と変数とで組み立てられた解析的な式をその変数の関数という」という記述がある．これが関数の概念に対する最初の定義と思われる．しかし「解析的な式」の定義がない．実例を見ると今日の多項式，有理式，平方根を含む式などが並んでいるので，関数＝式　と考えていたことがわかる．

コーシーは『教程』の中で次のように述べている「2 個の変数の間に，1 個の値が与えられると他方の変数の値が確定するという関係があるとき，前者の変数を独立変数とよび，後者の変数をその関数という．」これは事実上今日の関数概念そのものであり，画期的な主張である．だがその後の記述を読むと，やはりコーシーも関数＝式　という考えから脱却できず，自分の定義の重要性を十分に自覚していなかったと思われる

節がある．この定義をさらに精密にして今日の標準と定着させたのはディリクレである（1837）．

「一般の関数」とは何であるかという問題は弦の振動に関する偏微分方程式の解の表現に始まり，フーリエ級数（1822）による表現で大きな課題になった．そのあたりの話題は 4.5 節で述べる．

上のような意味で変数 x によって定まる関数 $y = f(x)$ の $x = a$ における微分係数とは，x が a における瞬間の y の変化率である．ニュートンは「0 になる量」（vanishing quantity）が正しく 0 になる瞬間の比を流率と呼んだ．今日の記号で例えば $y = x^2$ の $x = a$ での流率（＝微分係数）を計算するなら，0 になる量を o で表して

$$\frac{(a+o)^2 - a^2}{o} = \frac{2ao + o^2}{o} = 2a + o$$

とし，この右辺で o を 0 と置いて流率 $2a$ をえる．これは今日の教科書にあるのと同じ形式だが，バークレイ僧正にいわせれば，初めに 0 でない量 o として割り算をした後，突如として o を 0 で置き換えるのが「たくみなすりかえ」であってインチキ臭いという批判である．

ライプニッツは「無限小」という語を使い，同様の計算をしている．オイラーはそれをさらに発展させた．しかし最初 0 でないとして最後に 0 と置くという「無限小の性格」が納得できないという批判が現れるのは自然だろう．上記の $y = x^2$ といった簡単な関数については，何とか説明できても，もっと複雑な関数のときもうまく説明できるとは限らない．

これに対してダランベールは「極限」という概念を考えた．上記の o を新しい変数とし，$o \to 0$ とした極限をとると説明した．これは今日の考え方に近い．しかし「極限」の説明が直感的で，多くの人々を十分に納得させるものでなかった．

今日の ε-δ 論法を完成させたのは 19 世紀後半のワイエルストラスだが，その原形をコーシーが『教程』中に述べている（3.3 節）．

今日ではその考えはコーシーと独立にほぼ同じ頃ボルツァーノが考えていたことが知られている．彼はそれだけでなく実数の連続性を初め，解析学の基礎に関しても重要な成果を残している．不幸にして彼は当時オーストリア領だったチェコの学者であり，チェコの独立運動に尽力して大学から追放されたため，その先駆的な業績が広く知られるようになったのは，随分後の時代である．科学史においていつ誰がどのような研究をしたのかを調べるのは比較的容易だが，それがどの位世に知られ，どのような影響を与えたか（あるいは忘れられていたか）という後世の人間にとって関心の高い部分を調査するのは容易でない．

詳しくは次章以降で解説するが，コーシーはニュートンの「0 になる量」あるいはライプニッツの「無限小」を，一つの変数 h であり「正の数 ε を任意に与えるとき，h がいつかは $|h| < \varepsilon$ となるような量」と定義した．x が a に近づくとき，$f(x)$ が b に近づく (略記号：$x \to a$ のとき $f(x) \to b$) とは，「正の数 ε を任意に与えるとき，ある $\delta > 0$ をきめて，$|x - a| < \delta$（あるいは $x = a$ を除いて $0 < |x - a| < \delta$）であるどのような x についても $|f(x) - b| < \varepsilon$ が成立するようにできる」ことと定義した．これが悪名高い(?)ε-δ 論法であるが，この表現によってイメージから離れた極限の定義が明確になった．

コーシーは『要論』第 1 講でこのような極限の概念を導入し，第 2 講で連続関数，第 3, 4 講で微分係数と導関数を導入している．表面上は今日の教科書の通りだが，当時としてはまったく新しいスタイルであった．後にディリクレはこれらをさらに洗練した形にまとめている．

無限級数 $a_1 + a_2 + \cdots = \sum_{n=1}^{\infty} a_n$ の収束の概念も必ずしもコーシーの独創とはいい切れない．ガウスの超幾何関数の論文（1815年）やボルザーノの研究に既にその概念や判定条件がある．オイラーも決して無頓着だったわけではなく，一種の天才的なかんでその判定をしていた上に，さらに一種の総和法（コーシーの意味で収束しない級数の和を定義する方法）をも工夫していた．だからコーシー以前の級数に対する扱いがすべて厳密でないというのはいいすぎである．しかし無限級数に対して収束性をはっきり述べ，実用的な判定法を示したことは画期的であり，前述のラプラスの逸話が生じた次第だろう．但し『要論』では級数を扱うのは末尾の第37講以降であり，多くの結果は『教程』を引用している．

　実をいうと18世紀の解析学に対して他の合理化運動がラグランジュによってなされていた．それは関数をベキ級数に展開する試みである．すなわち

$$f(x+i) = f(x) + ip(x) + i^2 q(x) + i^3 r(x) + \cdots$$

という表現である．iと書いたのは無限小のつもりらしい．そうすれば

$$\frac{f(x+i) - f(x)}{i} = p(x) + iq(x) + i^2 r(x) + \cdots$$

となるからiを0としたとき導関数$p(x)$をえる．同様に$q(x)$は2階導関数である．ラグランジュは有限項$i^k u(x)$までとった剰余項の表示もしているが，「任意の」関数がそのように書けるかどうかを（試みた形跡はあるが）正しく吟味していない．

　このようなベキ級数で表される関数を今日では解析関数とよんでいる．それは大変に有用な関数族だが極めて限られた特別な関数族であることが明確になっている．この方向はコー

シーが（1822），今日の言葉でいうと「C^∞ 級だが解析関数ではない」関数の実例を示したために破綻した．コーシーはラグランジュの方法の限界を悟り，実数の連続性から改めて出発することにした．

多少先走った部分もあったが，以上のような背景の下でコーシーの数学の意議を以下に解説する．ただその前に若干の注意をしておく．

上記の ε–δ 論法は今日でも極限の理解の標準である．それ以前の無限小に基づく計算が等式の変形を主体とした「等式の数学」といえるのに対して，ε–δ 式の議論は原則的に「不等式の数学」の世界である（今日の学校数学で不等式の数学が軽視されているように思うのは筆者の偏見だろうか）．

以下の総括的なまとめは巻末にでも記すべき内容だが，便宜上ここに述べておく．コーシーの主要業績は何といっても解析学の基礎の反省・新しい基礎づけである．したがってどうしても「舞台の中央に立っている」主役のコーシーを中心に微分積分学の教科書の概要を説明することになる．本書は「数学史」の本ではないと割り切ったから，関数項級数の収束の不備の指摘・修正や，リーマン・ワイエルストラスらによるその後の発展・拡張などにも言及した．じっさいコーシーが導入した諸概念の重要性，あるいは真意が正しく理解されるまでにはかなりの年月がかかった．その種の話題の歴史的発展も興味深いが，現在の立場から見直したほうがかえって理解しやすいと信じるので，敢えて現在から見直す「勝利史観」の立場を採用した次第である．

第3章 コーシーの数学 (1)
—微分積分学の基礎づけ

3.1 実数の連続性

　前章末で述べたように，18世紀の解析学は大いに発展して多大の成果を挙げたものの，その基礎には多くの不満があった．それは特に級数の扱いに見られる．便宜上級数は次章で別に述べるが，歴史的にはその厳密化が先であった．

　オイラーは彼の主著『無限解析入門』の中で次のように述べている．

　「z の分数関数や無理関数は $A + Bz + Cz^2 + \cdots$ の有限個の形では表されないので，このような形の限りなく続く式を用いる．… 一般の関数をこのような形に表すことができるかどうか疑わしいというのなら，その関数について実際に表現して見せればその疑問は氷解する．」こうなると少々無理で，もはや「数学」とはいえない印象である．「任意特定」の関数を何百個表現して見せても，本来無限にあるはずの「任意一般」の関数について正しいとは保証できない．

　このようなベキ級数で表される関数がいかなるものかは，コーシー以後の研究で次第に明確になる（4.4節）．今は一つの問題提起としてしばらく保留にする．

　級数の問題，さらに微分可能性，連続性と掘り下げてゆくと，最後は極限の概念，さらにその存在を保証するための「実数の連続性」の課題につき当たる．前章末で述べた立場から

第3章 コーシーの数学(1) —微分積分学の基礎づけ

歴史的な変遷よりも, 現在どう考えられているのか, という形で解説を進める.

連続性に対して稠密性: 相異なる 2 数 a, b に対してその中間に第 3 の数がある, は必要条件だが十分条件ではない. 稠密性だけなら有理数全体がその性質を満たすが, 後述のようにそれは「穴だらけ」なのである.

ところで実数の連続性を論ずる折に実数に対して二通りの扱い方がある. 一つは実数を有理数から構成して証明しようという試みである. 他は数直線のようなイメージで実数を与えられた体系ととらえ, 連続性を公理(基本命題)で表現して進む方式である.

前者の方向を試みた偉大な先駆者は前章末に述べたボルザーノである. 但し彼の所論は現在の立場で見ると不完全であり循環論法的である. この方向が一応完成するのは 1870 年代以降のデデキントや G. カントルらに負う.

コーシーの立場は後者である. 実数の連続性を表現する公理はいくつかあるが, コーシーは基本列の概念を導入し, その収束性(完備性)を基礎とした. 今日ではいくつかの公理の「同等性」を証明して, 必要性に応じて使い分けるのが標準である. 実用上はそれでよい. しかし今日の成果から見直して非常に厳密なことをいうと, その同等性の証明の所々に選択公理初めいくつかの命題が密輸入されている. 諸公理は階層的だが必ずしも「同等」とはいえないこともわかっている. 何を基礎にとるかは, 必ずしも教育的配慮や個人の好みだけでは済まない課題が残る.

もちろんそれは現在の話題であってコーシーの時代の主題ではない. 一つ注意しておきたいのは基本列や区間縮小法は局所的な論点であり, 実数全体を眺めるには次の公理 (塵も積れば山となる) が不可欠なことである. $\{\frac{1}{n}\}$ が 0 に近づくと

いう基本性質もこれに負う．

アルキメデスの公理：任意の正の数 a, b に対し，$na > b$ である正の整数 n がある．

この名はアルキメデスが「とり尽しの法」の基礎として特に言及していることによるが，真の提唱者はそれ以前で，エウドクソスあたりと推定されている．

さて一定の極限値 α に限りなく近づく数列 $\{a_n\}$ は $|a_n - \alpha| \to 0$ となるからお互い同士「塊まって」くる．それで α を抜きにして塊ってくる数列 $\{\alpha_n\}$ を基本列という (コーシー列，コーシーの基本列などともいう)．番号 m に対して $n > m$ である $\{a_n\}$ の最も離れた 2 点の距離 d_m が $m \to \infty$ とすると 0 に近づく，という性質である．いわゆる $\varepsilon - \delta$ 式にいえば次のような条件である．

任意に与えられた正の数 $\varepsilon > 0$ に対し，ある番号 l をとると，$m, n > l$ である任意の m, n についてつねに $|a_m - a_n| < \varepsilon$ が成立する．

有限な特定の値 α に近づく数列 $\{a_n\}$ は基本列である．では逆に基本列は必ずどこかに収束するだろうか？これがコーシーの考えの出発点である．これは次章で扱う級数の場合に特に有効である．

有理数の基本列が有理数だけの世界では必ずしも収束しない一例として，少々技巧的で長くなるが $\sqrt{2}$ に近づく有理数列の具体例を挙げよう．それは

$x_1 = 1, y_1 = 1$ から始まり漸化式 $x_{n+1} = x_n + 2y_n, y_{n+1} = x_n + y_n$ で与えられる数列を作り，割り算した x_n/y_n を考える．具体的な値は次の通りである：

n	1	2	3	4	5	6	7	8	9	10	$\cdots$
x_n	1	3	7	17	41	99	239	577	1393	3363	$\cdots$
y_n	1	2	5	12	29	70	169	408	985	2378	$\cdots$

これらは
$$x_n^2 - 2y_n^2 = (-1)^n \tag{1}$$
を満足する．すなわち不定方程式 $x^2 - 2y^2 = \pm 1$ の解である．

これについて (1) 以外に次の性質が成り立つ．

$$\frac{x_{n+1}}{y_{n+1}} - \frac{x_n}{y_n} = \frac{(-1)^{n+1}}{y_n y_{n+1}} \tag{2}$$

$$\frac{x_1}{y_1} < \frac{x_3}{y_3} < \frac{x_5}{y_5} < \cdots < \frac{x_6}{y_6} < \frac{x_4}{y_4} < \frac{x_2}{y_2} \tag{3}$$

証明はいずれも数学的帰納法による．$n = 1$ のときは $x_1^2 - 2y_1^2 = -1$ である．そして漸化式により

$$\begin{aligned}
x_{n+1}^2 - 2y_{n+1}^2 &= (x_n + 2y_n)^2 - 2(x_n + y_n)^2 \\
&= x_n^2 + 4x_n y_n + 4y_n^2 - (2x_n^2 + 4x_m y_n + 2y_n^2) \\
&= -x_n^2 + 2y_n^2 = -(x_n^2 - 2y_n^2)
\end{aligned}$$

だから，$x_n^2 - 2y_n^2 = (-1)^n$ なら $x_{n+1}^2 - 2y_{n+1}^2 = (-1)^{n+1}$ であって (1) が成立する．

次に (2) の証明だが，これは

$$\frac{x_{n+1}}{y_{n+1}} - \frac{x_n}{y_n} = \frac{x_{n+1} y_n - x_n y_{n+1}}{y_n y_{n+1}}$$

である．しかしこの分子は漸化式により

$$(x_n+2y_n)y_n - x_n(x_n+y_n) = x_n y_n + 2y_n^2 - x_n^2 - x_n y_n = -(x_n^2 - 2y_n^2) = (-1)^{n+1}$$

に等しい．これは (2) である．□

x_n, y_n は正の整数であり，$\{x_n\}, \{y_n\}$ はともに単調増加である．(2) から

$$\frac{x_{n+1}}{y_{n+1}} - \frac{x_{n-1}}{y_{n-1}} = \frac{(-1)^n}{y_n}\left[\frac{1}{y_{n-1}} - \frac{1}{y_{n+1}}\right] = (-1)^n \times (\text{正の値})$$

であり，奇数番の x_n/y_n は増加し，偶数番の x_n/y_n は減少する．そして

$$\frac{x_{2m}}{y_{2m}} - \frac{x_{2m-1}}{y_{2m-1}} = \frac{1}{y_{2m-1}y_{2m}} > 0$$

であって，(3) の関係が成立する．しかも，区間の列 $[x_{2m-1}/y_{2m-1}, x_{2m}/y_{2m}]$ は長さが 0 に近づく縮小区間列である（コーシーの時代にはこの用語も記号もなかったが便宜上使用する）． □

したがって有理数列 $\{x_n/y_n\}$ は基本列をなすが，有理数の世界では収束しない．その極限値に相当する $\sqrt{2}$ が有理数でないためである．じつは上述の考察から直接に $\sqrt{2}$ が有理数でないことが証明できる．もしも $\sqrt{2}$（2 乗して 2 に等しくなる数）が有理数 q/p ならば，それは (3) の列のまんなかにあって

$$\frac{x_{2m-1}}{y_{2m-1}} < \sqrt{2} = \frac{q}{p} < \frac{x_{2m}}{y_{2m}}$$

となるはずである．——$x_{2m}^2 - 2y_{2m}^2 = 1 > 0$, $x_{2m-1}^2 - 2y_{2m-1}^2 = -1 < 0$ であり，上述の評価から

$$0 < \frac{x_{2m}}{y_{2m}} - \sqrt{2} < \frac{x_{2m}}{y_{2m}} - \frac{x_{2m-1}}{y_{2m-1}} = \frac{1}{y_{2m}y_{2m-1}} \tag{4}$$

である．しかし $\sqrt{2} = q/p$ とすると，m が十分大きければ $y_{2m-1} > p$ となり，

$$0 < \frac{x_{2m}}{y_{2m}} - \frac{q}{p} = \frac{p \cdot x_{2m} - q \cdot y_{2m}}{p \cdot y_{2m}}$$

である．この分子は 0 でない整数だから少なくとも 1 であり，この右辺は

$$\geq \frac{1}{p \cdot y_{2m}} > \frac{1}{y_{2m}y_{2m-1}} \quad (y_{2m-1} > p)$$

となって，不等式 (4) と矛盾する． □

ある意味で皮肉な話だが，$\sqrt{2}$ のように有理数列でよく近似できる（誤差が分母の 2 乗分の 1 程度になる）数は有理数ではないことが同様に証明できる．

第3章 コーシーの数学(1) —微分積分学の基礎づけ

少し長々と述べたが，上述のような困った現象は有理数だけでは穴だらけで，運悪く(?)穴に集ってくる数列は収束できない(目的地が落し穴)という状況である．これは穴があるほうが悪いので，そこに $\sqrt{2}$ という数を埋めてやれば $x_n/y_n \to \sqrt{2}$ となる．

実数の連続性とは，このような意地の悪い(?)穴がなく，一箇所に集中してくる基本列は必ずどこかある値 α に収束することと考えればよい．このように基本列が必ずある値に収束する，という条件を今日の用語で完備性という．すなわち完備性こそ実数の連続性の表現だと主張するのである．それがコーシーのとった立場だった．

解析学の理論からは技道だが，近年では (1) のような不定方程式が学校教育から忘れられてしまったので，上述の数列 x_n, y_n について，例えば

$x_{2n}+1$ と y_{2n} との最大公約数 $d_n \to \infty$ を証明せよ

といった「数学検定問題」の成績が大変に悪い．中には「両者がともに $\to \infty$ だから最大公約数も $\to \infty$」というだけでなく，この命題を「証明」した豪傑(?)もあった (x_n と y_n 自身 $\to \infty$ だが互に素で，最大公約数は 1 のままである)．これは (1) を変形して (右辺が $+1$ だから)

$$x_{2n}^2 - 1 = 2y_{2n}^2, \quad (x_{2n}+1)(x_{2n}-1) = 2y_{2n} \cdot y_{2n}$$

と書きかえ，$x_{2n} \approx \sqrt{2} y_{2n}$，$x_{2n}+1$ と $x_{2n}-1$ とは 2 以外に公約数をもたないことに注意すれば，「定性的」な形で証明できる．さらに漸化式によって

$$x_{2n}+1 = \begin{cases} n \text{ が偶数なら} & 2x_n^2, \\ n \text{ が奇数なら} & (2y_n)^2 \end{cases} \quad y_{2n} = 2x_n y_n$$

であることを証明すれば，最大公約数を具体的に

$\quad d_n = \;$ n が偶数なら $\quad 2x_n,\;$ n が奇数なら $\quad 2y_n$

を計算して示すこともできる（奇数番目と偶数番目とで形が違うことに気づいた解答さえほとんどなかった）．なお n 自身の奇数番目は

$$x_{2n+1}^2 - 1 = 2(y_{n+1}^2 - 1);\;\; (x_{2n+1}+1)(x_{2n+1}-1) = 2(y_{n+1}+1)(y_{n+1}-1)$$

という関係であり，最大公約数は次のようになって，すべて $\to \infty$ である．

n が偶数のとき $(n \geqq 2)$

	$x_{2n+1}+1$	$x_{2n+1}-1$
$y_{2n+1}+1$	$2x_n$	$2y_{n+1}$
$y_{2n+1}-1$	$2x_{n+1}$	$2y_n$

n が奇数のとき

	$x_{2n+1}+1$	$x_{2n+1}-1$
$y_{2n+1}+1$	$2y_n$	$2x_{n+1}$
$y_{2n+1}-1$	$2y_{n+1}$	$2x_n$

少し技道に外れたが，この種の実例が解析学の入門にも無縁ではないと思う．

3.2 区間縮小法

具体的に実数の完備性を活用するのによく使われる（本書でもよく使う）のは以下に述べる区間縮小法である．上に注

意したとおりコーシーの時代には「区間」という用語や，

閉区間 $\{x \mid a \leqq x \leqq b\}$ を $[a,b]$ で表す

といった記号はなかった（使われるのは 19 世紀後半以降）が，便宜上以後使用する．

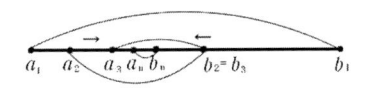

図 **3.1** 縮小区間列

コーシー自身後述の中間値の定理や平均値の定理の証明でこのような論法を積極的に活用しているが，それに特に名をつけていない．日本語では「入れ子の原理」とでもよんでよいかもしれない．

区間縮小法の定理　実数の増加列 $\{a_n\}$ と減少列 $\{b_n\}$ とがあり，後者のほうが大きいとする．

$$a_1 \leqq a_2 \leqq \cdots \leqq a_n \leqq \cdots \leqq b_n \leqq \cdots \leqq b_2 \leqq b_1$$

ここで $b_n - a_n$ が 0 に近づけば，すべての区間 $[a_n, b_n]$ に含まれる値がただ一つ存在する．

この事実は次のように証明できる．もしある n で $a_n = b_n$ なら以後すべて $a_m = b_m$ でそれを α とすればよい．だから $a_n < b_n$ としてよい．まず $\{a_n\}, \{b_n\}$ がそれぞれ基本列をなすことを示す．与えられた $\varepsilon > 0$ に対して $0 < b_l - a_l < \varepsilon$ である l をとれば，$m > n > l$ である番号 m, n についてつねに $a_l \leqq a_n \leqq a_m < b_l$ （増加列だから）であり，$\{a_m - a_n\} = a_m - a_n < b_l - a_l < \varepsilon$ となる．$\{b_n\}$ も同様である．したがって $\{a_n\}, \{b_n\}$ はそれぞれある値 α, β に近づくが，$0 \leqq \beta - \alpha < b_n - a_n$ で右辺が 0 に近づくか

ら $\beta - \alpha = 0$ でなければならない．その値がすべての n について $a_n \leq \alpha \leq b_n$ であって共通の極限値である．□

　ここで選択公理などを仮定すると，$b_n - a_n \to 0$（$b_n - a_n$ が 0 に近づくことの略記）という条件なしでも，すべての区間 $[a_n, b_n]$ に共通の値が存在することを示すことができる．そして条件 $b_n - a_n \to 0$ を付加すれば共通点は 1 点になる．しかし通例の区間縮小法では上記のように条件 $b_n - a_n \to 0$ を初めから付加した形だけで十分である．後に実例を挙げる（3.4，3.6 節）．

　ところで G. カントルによる実数の構成は，有理数の基本列 $\{a_n\}$ によって実数を定義する．このとき 2 個の基本列 $\{a_n\}$, $\{b_n\}$ があり，両者を統合した列（例えば a_1, b_1, a_2, $b_2, \cdots$）が基本列をなすとき両者を同値とし，このような基本列の同値類を実数と定義する．この方式の理論上厄介なところは，実数 α に対するある性質を証明するのに α を表す一つの代表的基本列 $\{a_n\}$ をとって議論した後，論法ないし結果が代表のとり方によらないことをいちいち示す必要がある点である．多くはそれはルーチン的でありたいした手間ではないことが多いが，そういう点で嫌われる傾向にある．しかし構成的実数の構成的理論では，（デデキントの切断を使わず）このような方式によらざるをえない事情がある．

　十進（実は何進でも）小数による実数の表現も基本列の応用とみなすことができる．$0.123456\cdots$ という無限小数を次々にある桁で切った有限小数

　　0.1, 0.12, 0.123, 0.1234, 0.12345, $0.123456, \cdots$

が基本列をなすからである．この方法は一つの標準表示を基準にするため，前記の同値類に基づくわずらわしさはないが，やはり課題があって必ずしもわかりやすいものではない．難点の一つは $0.9999\cdots\ (= 0.\dot{9}) = 1.000\cdots$ といった表現の二意

性があることである．またそれに伴って増加列と減少列とが（少なくともある程度理論がまとまっていくつかの基本定理が示されるまで）対称でなく，「同様にして」では済まされない部分がある．

いずれにしてもこのような「本当の基礎」の部分は見掛けほど簡単ではなく慎重を要する場合が多い．学習に当っては最初は余り深入りせず，後から見直す態度をとったほうがよい．

3.3 極限の概念

前節 $a_n \to 0$ (a_n は 0 に近づく) といった極限移行を使ってしまったが，ここで極限の定義を改めて述べる．コーシーは『要論』第 1 講を次のように始めている（訳は小堀憲訳）：

> 「つぎつぎと，異なる値をとることができると考えられる量を「変数」という．(次に「変数」の定義；略) 1 つの変数に与えられる値が，1 つの定まった値へ，差がいくらでも小さくなるように，限りなく近づくとき，この定まった値を，これらの値の「極限値」という．(次に円の面積を多角形の面積の極限として，また双曲線の漸近線の角を動径の極限として例示)．与えられた変数が近づく極限値を，その変数の前に lim を置いて，略記することにする．」

この定義はまったく文章によるものである．つぎつぎに限りなく近づく，という部分を，任意の正の数 ε に対して，…と現代流にいいかえたい所だが，ここにコーシーの考え方の基本が見られる．バークレイ僧正が問題にした「到達する」とか「通過する瞬間の」といった表現は不要である．$\lim_{x \to a} f(x)$ は

限りなく近づく目標点であって，それと目的地での値 $f(a)$ とを明確に区別した点が（現在の我々は当然すぎると思うが），コーシーによる「解析学の革命」の第一歩であった．もちろんこれは「静的」な議論ではない．任意に与えられた ε に対して δ をとって，という問答を「無限回」くりかえす議論である．

それに続いてコーシーはいわゆる「不定形の極限値」として（後の必要もあり）$\lim_{x \to a} \dfrac{\sin x}{x} = 1$ と $\lim_{n \to \infty} \left(1 + \dfrac{1}{n}\right)^n = e$ を論じている．前者は多くの教科書にあるとおりの図形的な方法である（図 3.2）．後者について以下少し説明しよう．これは極限値によって新しい量を定義する典型例である．

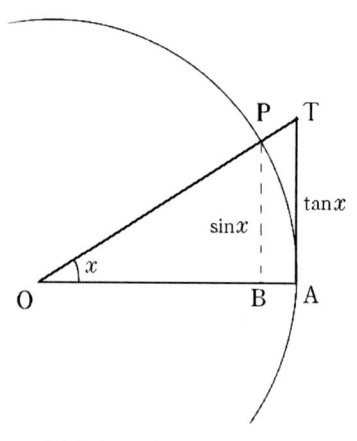

図 **3.2** $\sin x < x < \tan x$

少し前に記したとおり，極限値は限りなく近づく目標であって，決して「有限時間内」にそこに到達する値ではない（と考えるべきである）．したがって目標となるべき値が既知の場合，例えば $1/n \to 0$ ($n \to \infty$; 前出のアルキメデスの公理による）は，値の評価だけで済む．これに対してある数列が収束することを示し，その極限値によって新しい値を定義しよ

第3章 コーシーの数学(1) —微分積分学の基礎づけ

うとする場合には，ずっと手の混んだ論法が必要になる．そのような例として，ここで言及した『要論』の第1講にある自然対数の底数 e の定義は重要である．但し以下に述べる不等式の巧妙な証明は，コーシーの原著にあるものではなく，近年の着想である（他にも類似の，技巧的だが初等的な証明がいろいろ工夫されている）．

もともと数列 $(1+\frac{1}{n})^n$ がいくらでも大きくならず，ある定数に近づくことが17世紀に複利法の計算から経験的に知られていた．しかしこの事実に「厳密な証明」を与えたのは，やはりコーシーが最初だろう．

まず $a_n = (1+\frac{1}{n})^n$ が n とともに増加することを示す．コーシー自身の証明は現在の多くの教科書にある通り，二項定理で展開して a_{n+1} のものと項別に比較する方法である．それは正しいのだが，二項定理を使うのが難しい（？）といって嫌われることが多い．以下の方法は有名な相加平均・相乗平均の不等式の活用である（この不等式自身のコーシーによる証明を 6.2 節で紹介する）．

それには $a_n < a_{n+1}$ よりも $a_{n-1} < a_n$ を示すほうが易しい（数学的には同じことだが）．それを書き下ろせば

$$1 > \frac{a_{n-1}}{a_n} = \left(\frac{n}{n-1}\right)^{n-1} \left(\frac{n}{n+1}\right)^n = \left(\frac{n^2}{n^2-1}\right)^{n-1} \times \frac{n}{n+1} \quad (1)$$

の証明である．(1) の最後の項は $n-1$ 個の $\frac{n^2}{n^2-1}$ と 1 個の $\frac{n}{n+1}$ という合計 n 個の数の相乗平均の n 乗に等しい．これら全部が同一ではないから，これは相加平均の n 乗より真に小さい．ところがその相加平均は

$$\frac{1}{n}\left[\frac{n^2}{n^2-1} \times (n-1) + \frac{n}{n+1}\right] = \frac{1}{n}\left[\frac{n^2}{n+1} + \frac{n}{n+1}\right] = \frac{n(n+1)}{n(n+1)} = 1$$

に等しく，その n 乗も 1 である．これで (1) が証明できた．□

他方二項定理の展開を等比級数と比較するなどの方法で $a_n < 3$ を示すことができる（これも後のように進めば不要である）. 上に有界な単調数列は収束する. これは後にワイエルストラスが定式化した実数の連続性の一つの表現である. コーシーはその「証明」をしていないが, 当然の性質としてこれを使っている. そうすれば数列 $\{a_n\}$ はある値に収束するのでそれを e と定義する.

　ところで非常にうるさいことをいうと, 上記のワイエルストラスの定理は, 構成的実数の構成的理論の範囲では証明できず, ケーニヒの補題とよばれる性質（あるいはそれと同値な命題）を必要とする. そのために今日では e を下からだけでなく上から収束する列も使って区間縮小法によって定義しようという提案がある（私個人としては是非そうしたいと思う）.

　それには数列 $b_n = (1+\frac{1}{n})^{n+1}$ を使う. $a_n < b_n$ は明らかだが b_n は n が増加すると減少する：$b_{n-1} > b_n$. このことを注意すれば, a_n を展開して 3 より小さいことを示さなくても, $\{a_n\}$ が上に有界なことは明らかである.

　$\{b_n\}$ が減少することは二項定理で展開して項を比較する方法ではうまくゆかないが, 下記のように相加平均・相乗平均の不等式を活用すると上記と同様にできる. 証明したい不等式は b_{n-1} と b_n とを比較して

$$1 > \frac{b_n}{b_{n-1}} = \left(\frac{n+1}{n}\right)^{n+1} \cdot \left(\frac{n-1}{n}\right)^n = \left(\frac{n^2-1}{n^2}\right)^n \times \frac{n+1}{n} \quad (2)$$

である. (2) の右辺は n 個の $\frac{n^2-1}{n^2}$ と 1 個の $\frac{n+1}{n}$ との相乗平均の $n+1$ 乗に等しい. これらの全部が同一ではないから, 相加平均の $n+1$ 乗より真に小さい. ところがそれらの相加平

第3章 コーシーの数学(1) — 微分積分学の基礎づけ　53

均は

$$\frac{1}{n+1}\left(\frac{n^2-1}{n^2}\times n+\frac{n+1}{n}\right)=\frac{n+1}{n(n+1)}(n-1+1)=\frac{n(n+1)}{n(n+1)}=1$$

である．その $n+1$ 乗も 1 だから所要の式（2）の右辺は 1 より小さい．□

そうすると縮小区間列 $[a_n, b_n]$ ができる．その長さは

$$b_n - a_n = \left(1+\frac{1}{n}\right)^n \cdot \frac{1}{n} < \frac{b_1}{n} = \frac{4}{n}$$

である．$n \to \infty$ とすれば，長さはいくらでも短くなるから，これらの縮小区間に共通な 1 点が定まる．それを e と定義する．

しかしながら整数列について $\left(1+\frac{1}{n}\right)^n \to e$，$\left(1+\frac{1}{n}\right)^{n+1} \to e$ を証明しただけではなお不十分である．連続的な変数 x について $\left(1+\frac{1}{x}\right)^x \to e$ を証明する必要がある．コーシーは与えられた x に対しそれを整数ではさんで $n \leqq x < n+1$ である n をとり

$$\left(1+\frac{1}{n+1}\right)^n < \left(1+\frac{1}{x}\right)^x < \left(1+\frac{1}{n}\right)^{n+1} = b_n$$

とする．$x \to \infty$ のとき $n \to \infty$ であって，この両辺がともに同一の e に収束するから，中央の項も e に収束する（はさみうちの原理）．左側は上の記号で $a_{n+1} \div \left(1+\frac{1}{n+1}\right)$ と考えればよい．

「はさみうちの原理」という語も日本語であり，コーシー自身の用語でないがお許しを乞う．

上記の導入で対数関数の微分の計算を巧妙にしているがそれは 3.5 節にゆずる．

実はさらに連続的な実数変数 x について，$\left(1+\frac{1}{x}\right)^x$ は x について増加であり $n \leqq x < n+1$ ならば

$$\left(1+\frac{1}{n}\right)^n < \left(1+\frac{1}{x}\right)^x < \left(1+\frac{1}{n+1}\right)^{n+1} \tag{3}$$

が成立する．x が $n + \dfrac{p}{q}$ $(0 < p < q)$ という有理数なら，前述の相加平均，相乗平均の不等式の活用と類似な方法で (3) を証明し，任意の実数を有理数によって近似することで，微分法を使わずに (3) を示すことも可能である（大変に技巧的だが）．またこれから

$$\lim_{n\to\infty}\left(1+\frac{t}{n}\right)^n = e^t$$

であることも証明できる．1^∞ の型は「不定形」であって極限値がいくつになるかは個々に吟味を要するが，近年

$$\lim_{n\to\infty}\left(1-\frac{1}{n}\right)^n = 0 \text{ または } 1 \quad \left(\text{正しい極限値は}\frac{1}{e}\right)$$

といった早合点（？）が予想外に多いように見える．

他方 $a_n \to e$ ($b_n \to e$ も) は余りよい近似ではなく

$$\frac{e}{2n+2} < e - a_n < \frac{e}{2n+1} < b_n - e < \frac{e}{2n} \quad \text{(モローの不等式; 1874)}$$

が知られている．それらも興味深い話題でコンピュータによる数値を見るとよい．最初から詳しく説明する必要はないが進んだ読者はこの証明を考えるとよい．

コーシーは第 1 講の最後で正負の無限大 (∞ と $-\infty$) を導入している．いうまでもなく，$\lim_{x\to a} f(x) = +\infty$ とは，どのような（大きな）正の数 M をとっても，ある $\delta > 0$ を選んで $0 < |x-a| < \delta$ を満たすすべての x に対して $f(x) > M$ が成立することである．$-\infty$ も同様である．続いて第 2 講で連続関数，第 3 講以下で微分法を論ずるが，その前に連続関数の重要な性質の一つである中間値の定理を解説する．

3.4 中間値の定理

コーシーの優れた業績の一つは，前述のように諸概念を厳密に定義し直しただけでなく，それを使ってそれまで直感的に自明とされて使われていた基本的な定理に，厳密な証明を与えたことである．中間値の定理がその典型例である．

中間値の定理とは連続関数 $y = f(x)$ が相異なる値 α と β とをとるなら，両者の中間にある値 γ もどこかでとる，という命題である．これは方程式の解の存在などに欠かせない性質である．定数を引けば次のように述べてよい．

中間値の定理 関数 $y = f(x)$ が $a \leqq x \leqq b$ の各点において連続であり，

$$f(a) < 0 , \ f(b) > 0$$

ならば，$a < t < b$ の範囲のある点 t で $f(t) = 0$ となる （関数は $y = f(x)$ という形に書くべきだが，使用に従って $y =$ を省略することが多い）．

若干の注意をする．まず $f(x)$ が連続でなければ成り立たない．$f(x) = \frac{1}{x}$ は $f(-1) = -1 < 0$，$f(1) = 1 > 0$ だが $f(t) = 0$ である t は存在しない．この関数が $x = 0$ において連続でないために不成立である．

また変数の値が有理数だけだったら成り立たない．$f(x) = x^2 - 2$ は $f(1) = -1 < 0$，$f(2) = 2 > 0$ だが，$\sqrt{2}$ が有理数ではないために $f(t) = 0$ である $t(= \sqrt{2})$ は存在しない．この例からわかるように，この定理の証明には実数の連続性（完備性）が本質的にきいている．

中間値の定理に関するコーシーの証明は『要論』にはなく，『教程』の付録にある．それは区間の分割縮小法による．コーシーは 2 以上の整数 m を定めて，区間の m 等分を反復する．今日では $m = 2$ とした二分法がもっぱら使われるが，任意の m による m 等分のほうが早いこともある．

区間 $a \leqq x \leqq b$ を m 等分して分点を $c_k = a + k(b-a)/m$ ($k = 0, 1, \cdots, m$) とおく．各分点で関数値 $f(c_k)$ を計算する．偶然にある k で $f(c_k) = 0$ となれば，$t = c_k$ でよいがこれは例外的である．そうでないとすれば，左から順に見ていくと

$$f(c_0) < 0, \ f(c_1) < 0, \ \cdots, \ f(c_k) < 0, \ f(c_{k+1}) > 0$$

である k が必ずあるはずである．最初の両端を $a_1 = a$, $b_1 = b$ とし，符号が変化する区間の両端を $a_2 = c_k$, $b_2 = c_{k+1}$ とする．この小区間 $a_2 \leqq x \leqq b_2$ に同じ操作を施して a_3, b_3 を求める．以下同様にして入れ子の区間列 $[a_n, b_n]$ を作る．その長さは 0 に近づく．

前節の区間縮小法によりこれらの区間列はある値 t に収束する．$f(x)$ は連続だから $f(a_n), f(b_n)$ はともに $f(t)$ に近づく．そして $f(a_n) < 0$ だからその極限値は $f(t) \leqq 0$ である（$f(t) < 0$ とは限らない）．同様に $f(b_n) > 0$ だから $f(t) \geqq 0$ である．同一の値 $f(t)$ が両方の条件を満たすので $f(t) = 0$ でなければならない．これで所要の t がみつかった．□

この証明は「構成的」である．実際に無限回の操作はできないが，十分小さい区間 $[a_n, b_n]$ まで進めば，その中の一点を $f(x) = 0$ の解の近似値としてよい．これは一見何でもないようだし，それまでにも $f(x) = 0$ の近似解を計算するのに似たような方法を使った人は少なからずいた．それにもかかわらず，このような近似計算法を定理の厳密な証明法に転化したコーシーの着眼は革命的といってよい．

念のために注意しておくが，中間値の定理が成立するのは連続関数の専売特許ではない．一時期この性質をもって連続関数の「定義」としようという試みがあったが，それは正しい定義とはいえない．1875 年にダルブーが，各点で微分可能な関数 $f(x)$ の導関数 $f'(x)$ は必ずしも連続とは限らないが，中間値の定理の性質を満たすことを証明した．我々は「不連続関数」

というと，ある点 $x = a$ において，左からの極限値 $f_-(a)$ と右からの極限値 $f_+(a)$ とがくい違って跳びのある場合をイメージするが，導関数 $f'(x)$ がそのような挙動をすれば $x = a$ において $f(x)$ は微分可能でなく，$f'(a)$ は存在しない．導関数が不連続になるのはある点 $x = a$ の近くで激しく振動して $\lim_{x \to a} f'(x)$ が存在しない，しかし $x = a$ においてはもとの関数が微分可能で $f'(a)$ の値が定まる，といった状況である．具体例としては $f(x) = x^2 \sin(1/x)$ （$f(0) = 0$ と定義）である．この導関数が激しく振動するためにかえって（?）中間値の定理が成り立つのである（なおこの関数を 3.8 節で一つの「反例」の構成に活用する）．

3.5 微分法

ところでひとたび関数の極限値の概念が確立されれば，関数の微分の概念は容易に説明できる．しかしその流れを少し忠実に追ってみよう．

コーシーは今日では h と表す無限小量（0 に近づける変数）を無限小の意味で i と記している（だから虚数単位は i と書かずに $\sqrt{-1}$ と書いている）．少々まぎらわしいが以下しばらく原記法に従う．

関数 $y = f(x)$ において，ある特定の点 x_0 の近くを考える．x がごく僅か i だけ変化したとき，関数値も変化する．それを

$$y + \Delta y = f(x_0 + i) \quad \text{すなわち} \quad \Delta y = f(x_0 + i) - f(x_0)$$

と表す．その変化量 Δy が「無限小」すなわち $i \to 0$ のとき $\Delta y \to 0$ であるというのが，f が x_0 において連続という性質の定義である．ここでいう「無限小」は一つの新しい変数であり，初め 0 でない（0 に近い）量として後に 0 にいくらでも近づけるが，明確に定義された概念である．

連続関数の具体例として，正弦関数 $y = \sin x$（x はラジアン単位）を挙げている．加法定理による変形で

$$\Delta y = \sin(x_0 + i) - \sin(x_0) = 2\sin(i/2) \cdot \cos(x_0 + i/2)$$

とし，$i/2$ も「無限小」であり，i が 0 に近づけば，$|\cos(x_0 + i/2)| \leq 1$ だから Δy も 0 に近づき，この関数は連続だと証明している．

一歩進んで Δy と i との比

$$\frac{\Delta y}{\Delta x} = \frac{f(x_0 + i) - f(x_0)}{i}$$

を考える．i が 0 に近づいたときこの比 (日本語では平均変化率という便利な語があるがコーシーは特に名をつけていない) がある一定の値 α に近づくならば，$f(x)$ は x_0 において微分可能といい，α を y' あるいは $f'(x_0)$ と表している．今日普通に使われるこの記号はラグランジュに負う．その値を x_0 における微分係数という．もしもある範囲の各点で $f'(x)$ が微分可能ならば，x にそこでの微分係数の値を対応させれば新しい関数 $f'(x)$ が定義できる．これをもとの $f(x)$ の導関数（derivative；元来は導かれたもの，あるいは派生の意味）とよぶ．それを求める操作が微分法である．

日本語の教科書では「微分係数」と「導関数」とを上のように定義して使いわけている（そうするのがよいと思う）．しかしコーシーも，また近年の欧米の教科書でも，この両者を明確に区別せず，どちらも derivative とよぶことが多い．混乱の生じる危険性は少ないが，初めのうちは気を使って読み分けるとよい．

実例として多項式や $1/x$ は簡単だがコーシーは上記の $\sin x$ と対数関数について注意している．$\sin x$ については上のように変形した後，第 1 講で図形的に証明しておいた不等式：$(0 <$

第3章 コーシーの数学(1) ―微分積分学の基礎づけ 59

$x < \pi/2$ において) $\sin x < x < \tan x$(図3.2参照)から $\cos x < \dfrac{\sin x}{x} < 1$ により,$x \to 0$ のとき $\dfrac{\sin x}{x} \to 1$ を導びき

$$\frac{\sin(x_0 + i) - \sin(x_0)}{i} = \frac{\sin(i/2)}{i/2} \cdot \cos(x_0 + i/2) \to \cos(x_0)$$

を示している.次に対数関数 $\log_a x$ $(a > 0,\ a \neq 1)$ については

$$\frac{\log_a(x_0 + i) - \log_a(x_0)}{i} = \frac{1}{i} \log_a \frac{x_0 + i}{x_0}$$

と変形した後で $i = kx_0$ (k も無限小)と置き換えて

$$\frac{1}{i} \log_a \frac{x_0 + i}{x_0} = \frac{1}{kx_0} \log_a \frac{x_0 + kx_0}{x_0} = \log_a(1 + k)^{\frac{1}{k}} \cdot \frac{1}{x_0}$$

とする.先に $\lim_{t \to +\infty} \left(1 + \dfrac{1}{t}\right)^t = e$ を示しておいたので,$(1 + k)^{\frac{1}{k}}$ は $k = 1/t$,$k \to 0$ は $t \to +\infty$ として,e に近づく.したがって $\log_a(1 + k)^{\frac{1}{k}} \to \log_a e$ であり,微分係数は $\dfrac{\log_a e}{x_0} = \dfrac{1}{x_0 \log_e a}$ である.$a = e$ と採れば $1/x_0$ になる.今日の教科書の記述と大差ないと感じる方が多いと思うが,巧妙だと感じる.

このような形でその後数講にわたって,いわゆる初等関数の導関数をすべて計算してみせる.さらに $f'(x)$ の導関数として2階導関数 $f''(x)$ を定義し,微分法を反復して高階導関数を導入する(第4,5講).その後の大半は偏微分や極値問題への応用である.

現在の教科書ではひきつづきテイラー展開を扱う.そうすると収束性などが問題になるが,その話は次章で論じる.ここで後に利用するために一つの性質を述べておく.

定理　$a \leqq x \leqq b$ で定義された $f(x)$ がこの内部の一点 c で微分可能とする.このとき $u < c < v$ である変数 u, v をとって独立に両者を c に近づけたとき

$$\lim_{u \to c, v \to c} \frac{f(v) - f(u)}{v - u} = f'(c)$$

である．

証明　$x = c$ で $f(x)$ が微分可能だから

$$\lim_{v \to c} \frac{f(v) - f(c)}{v - c} = f'(c), \quad \lim_{u \to c} \frac{f(c) - f(u)}{c - u} = f'(c)$$

である．これをもう少し詳しくいうと，任意に与えられた $\varepsilon > 0$ に対して適当に $\delta_1, \delta_2 > 0$ をとって

$$0 < v - c < \delta_1 \quad \text{ならば} \quad \left| \frac{f(v) - f(c)}{v - c} - f'(c) \right| < \varepsilon$$

$$0 < c - u < \delta_2 \quad \text{ならば} \quad \left| \frac{f(c) - f(u)}{c - u} - f'(c) \right| < \varepsilon$$

であるようにできる．これから $u < c < v$ に注意すると

$$\left| \frac{f(v) - f(u)}{v - u} - f'(c) \right| = \left| \frac{v - c}{v - u} \left[\frac{f(v) - f(c)}{v - c} - f'(c) \right] \right.$$
$$\left. + \frac{c - u}{v - u} \left[\frac{f(c) - f(u)}{c - u} - f'(c) \right] \right|$$
$$\leqq \frac{v - c}{v - u} \left| \frac{f(v) - f(c)}{v - c} - f'(c) \right| + \frac{c - u}{v - u} \left| \frac{f(c) - f(u)}{c - u} - f'(c) \right|$$
$$\leqq \left(\frac{v - c}{v - u} + \frac{c - u}{v - u} \right) \varepsilon = \varepsilon$$

を得る．これは $u, v \to c$ のときに $\frac{f(v) - f(u)}{v - u} \to f'(c)$ を意味する．□

ここで $u < c < v$ と両側からはさむことが重要である．

実用上 $f'(c)$ の近似値を計算するときに $u = c - h$, $v = c + h$ として中心差分 $[f(c + h) - f(c - h)]/2h$ をとり，その極限値をとることが多い．この場合には「収束が早い」（同じ h で誤差が少ない）ことが(適当な条件の下で)証明できる．但し中心差分の $h \to 0$ とした極限値が存在しても，$f(x)$ が $x = c$ で微分可能とは限らない (反例は $f(x) = |x|$ について $c = 0$)．

『要論』の第8講以降では若干形式的であるが多変数関数 $f(x_1, \cdots, x_n)$ について，1個の変数，例えば x_1 に着目し，他の

変数 $x_2, \cdots, x_n$ を固定して x_1 のみの関数とみなしてそれについて微分する偏導関数 $\partial f(x_1, \cdots, x_n)/\partial x_1$ も扱っている (但しこの ∂ という記号はもう少し後のものでコーシー自身は使っていない). 複素数は $z = x + y\sqrt{-1}$ であり, 複素数の関数も実質的に 2 変数 x, y の関数とみなされるので, その形式的な微分法も論じている (第 5 章参照).

ところで $y = f(x)$ が x_0 で微分可能ならば上の記号で

$$\Delta y = i \times g(x_0, i), \ g(x_0, i) = [f(x_0 + i) - f(x_0)]/i \to f'(x_0)$$

だから $i \to 0$ のとき $\Delta y \to 0$ であって $f(x)$ は $x = x_0$ で連続である. それならば逆に $x = x_0$ で連続なら微分可能であるか？

今日の我々は関数の連続性と微分可能性とはまったく別の概念であることを知っている. 実際ワイエルストラスの例 (1875; 但し弟子のデュ・ボア・レイモンが許可を得て発表) など, いたるところで連続でどこでも微分不可能な関数がある. しかもそれは「病的」な関数ではなく, 後年ウィーナーがブラウン運動のモデルとして活用する (1924) など, むしろ日常の対象になっている.

しかし信じ難いと思う方が多いだろうが, 19 世紀の中頃まで, 連続な関数は特別な例外点を除けば微分可能だろうというのが数学者の信念だった. コーシー自身もこの (誤った) 命題を証明しようとして, 何度か失敗を繰り返している.

これは私の推測だが, 当時の人々は「連続」という語の中に, 今日の我々がいう連続性以外に, 凸性とか有界変動性といった条件を暗に込めて考えていたが, それをうまく定式化できなかったのではないかと思う. これらはいずれも「大域的な」性質である. 凸性とは $a < c < b$ に対して下に凸, すなわち

$$f(c) \leqq f(a) + \frac{c-a}{b-a}[f(b) - f(a)] = \frac{b-c}{b-a}f(a) + \frac{c-a}{b-a}f(b)$$

が成立するという条件である．また**有界変動性**とは区間 $a \leqq x \leqq b$ を任意に分割：$a_0 = a < a_1 < a_2 < \cdots < a_{n-1} < a_n = b$ したとき，各小区間での変化量の総和 $\sum_{k=1}^{n} |f(a_k) - f(a_{k-1})|$ が一定の（分割によらない）値 M 以下である，という性質である．このような関数はいずれも可算個の例外点を除いて，実際に微分可能であることが証明できる（それらが確立したのは 19 世紀末頃）．

この例はなんとなくイメージしている概念を正しく定式化することが予想外に困難なことを暗示しているような気がする．

以下の話はコーシーとは直接関係なく近年のものだが，ついでに一言しておく．ここでコーシーのいう無限小 i は明確に定義された x とは別の変数であり，最初 0 でないとして究極的に 0 に近づける量である．しかし今日の記号で

$$f'(x) = \lim_{h \to 0} \frac{f(x+h) - f(x)}{h}$$

と表したときの極限値は各 x を固定して $h \to 0$ とした点別収束での極限である（詳しくは 4.5 節参照）．しかし $f(x)$ が区間 $a \leqq x \leqq b$ で定義されたとき，この収束が x について「**一様収束**」であるとしたらどうなるか？

一様収束の概念がだいぶ後の時代のものだけに，こういった考えは割りあい最近までなかった．私の知っている限りでは，漸く 1970 年代にラックスらがこれを考えて「一様に微分可能」という概念を導入した．実用上ではかえってこのほうが考えやすくて便利でもあると思う．

各点で（点別に）「微分可能」という概念は局所的な概念である．これに対して「一様に微分可能」とは大域的な概念である．そして今日では一様に微分可能とは次のどちらの条件とも同値であることがわかっている．

1°　$f(x)$ が（点別に）各点で微分可能で導関数 $f'(x)$ が $a \leqq$

$x \leqq b$ で連続である．

2° $a \leqq x \leqq b$, $a \leqq u \leqq b$ で 2 変数 (x, u) について連続な関数 $\varphi(x, u)$ があり，$f(x) - f(u) = (x - u)\varphi(x, u)$ が成立する．このとき $x = u$ とした関数 $\varphi(x, x)$ が導関数 $f'(x)$ に等しい．$\varphi(x, u)$ には定まった名がないが、差分商とよぶのがよい。

　その証明も難しくないが，コーシーの数学と離れるので本書では省略する．この 2° の形を個々の関数について確かめるのは少々骨の折れる場合があるものの，この形を仮定すると実用上使いやすいことが多い．

　いたる所連続でいたる所微分不可能な関数の具体例は，ワイエルストラスの例（1875）が有名だが，今日ではフラクタル図形に関連した「高木関数」などのほうが親しみやすい．リーマンがそれ以前（1861）に例を挙げたといわれるが，彼の挙げた関数 $\sum_{n=1}^{\infty} \frac{\sin(n^2 x)}{n^2}$ は，$x = \frac{2(2m+1)}{2n+1}$ （m, n は整数）において $-\frac{1}{2}$ という有限の定まった微分係数をもつ（他の点では微分不可能）ことが 1970 年になって確定した．リーマン自身は「導関数をもたない」と述べたが，これを「いたる所微分不可能」と訳すとかえって「誤訳」になる．

3.6　平均値の定理

　微分法の平均値の定理は「微分積分学の基本定理」の基礎である．また次の性質の証明の基礎となる．これを「微分学の基本定理」とよぶこともある．

　関数 $y = f(x)$ が区間 $[a, b]$ の各点で微分可能であり，微分係数 $f'(x)$ が各点で正ならば $f(a) < f(b)$ である（さらに $f(x)$ はこの区間でつねに増加する）．

現在の標準的なコースでは次の手順を踏んで証明する：

　1°　閉区間 $a \leq x \leq b$ で連続な関数はその中のどこかで最大値及び最小値をとる．

　2°　ロルの定理　$f(x)$ が $a \leq x \leq b$ の各点で微分可能であり，$f(a) = 0$, $f(b) = 0$ ならば，$f'(t) = 0$ である点 t が区間内にある（上記最大値または最小値をとる点が候補）．

　3°　平均値の定理　$f(x)$ が $a \leq x \leq b$ の各点で微分可能ならば，区間内に

$$f'(t) = \frac{f(b) - f(a)}{b - a} \quad (1)$$

を満たす点 t がある．通例この t を $a + \theta(b-a)$ ($0 \leq \theta \leq 1$) と表す（2°に還元して証明する）．

　4°　上記の「基本定理」については，3°により (1) を満たす t があり，$f'(t) > 0$ だから $f(b) > f(a)$ である．

細かい注意だが 2°，3° については，$f(x)$ が $a < x < b$ の各点で微分可能であって両端 $x = a$, $x = b$ で連続という仮定だけで十分である（例：$\sqrt{(x-a)(b-x)}$）．そして (1) の t は区間の内部にとることができる（$a < t < b$, $0 < \theta < 1$）．以上はワイエルストラス以後の伝統であり，このうち最後の注意を非常に強調している教科書もあった．確かに数学の理論としては重要な論点であるし，そのような精密化が必要な場面もある．しかし実用上では最初に述べた結果でたいていの場合間に合う．解析学の専門家は別として，普通の講義でこの種の「不必要な精密化」がかえって理解を妨げ，数学嫌いを助長しているのでなければ幸いである．

　上述のコースに特に大きい難点があるわけではない．しかし色々な事情で近年では上記の「基本定理」の証明に，以下

に述べる「平均値の不等式」に基づく方法を採用する人が増えてきている．これは大勢の学者によって何度も再発見を繰り返しているが，調べてみるとコーシーの『要論』にその原形がある．その証明はやはり区間縮小法による．

平均値の不等式　　$f(x)$ が $a \leqq x \leqq b$ の各点で微分可能ならば，区間内に

$$f'(t) \leqq \frac{f(b) - f(a)}{b - a} \tag{2}$$

を満たす点 t がある（逆に右辺以上の点 $f'(s)$ もある）．

前期の「基本定理」の証明にはこれで十分である．もしも $f(b) \leqq f(a)$ ならば (2) の右辺は $\leqq 0$ だから，$f'(t) \leqq 0$ である点 t があるはずだが，これはつねに $f'(x) > 0$ とした仮定に矛盾する．□

不等式の証明　　2以上の正の整数 m を定める（$m = 2$ で可）．記述の便宜上 $u < v$ としたときの区間での平均変化率 $[f(v) - f(u)]/(v - u)$ を $f[u, v]$ と略記する．当初の区間を $[a_1, b_1]$ としこれを m 等分して分点を $c_k = a + k(b-a)/m$ $(k = 0, 1, \cdots, n)$ とおく．各小区間での平均変化率 $f[c_{k+1}, c_k]$ の相加平均は

$$\frac{1}{m} \sum_{k=1}^{m} \frac{f(c_k) - f(c_{k-1})}{c_k - c_{k-1}} = \frac{f(b) - f(a)}{m(b-a)/m} = f[a, b]$$

である．このうち平均変化率最小の区間 $[c_{k-1}, c_k]$ をとりそれを $[a_2, b_2]$ とおく．この操作を反復して縮小区間列 $[a_n, b_n]$ を作ると

$$f[a_1, b_1] \geqq f[a_2, b_2] \geqq \cdots \geqq f[a_n, b_n] \geqq \cdots$$

である．これらの縮小区間は長さがいくらでも小さくなるので一点 t に近づく．前節末で注意したとおり，$a_n \leqq t \leqq b_n$ で $a_n, b_n \to t$ だから $f[a_n, b_n] \to f'(t)$ である．この作り方から $f'(t) \leqq f[a, b]$ である．□

同様に $f[c_{k-1}, c_k]$ が最大の区間を選んで進めば $f'(s) \geqq f[a,b]$ である s の存在も証明できる．さらにこれを少し修正すると以下のように等式の形の平均値の定理も証明できる（これも原形が『要論』第7講にある）．同じように区間を m 等分するが，このときは $m \geqq 3$ としたほうがよい．

　上記の記号をそのまま使う．偶然 $f[c_{k-1}, c_k] = f[a,b]$ である小区間があれば，それを $[a_2, b_2]$ とする．そうでなければ平均変化率が最小の区間 $f[c_{j-1}, c_j]$ と最大の区間 $[c_{l-1}, c_l]$ をとる．$f[c_{j-1}, c_j] < f[a,b] < f[c_{l-1}, c_l]$ である．ところが長さ $h = (b-a)/m$ を一定にした区間 $[t, t+h]$ における平均変化率

$$f[t, t+h] = \frac{f(t+h) - f(t)}{h}$$

は t の関数として連続である．したがって中間値の定理により，c_{j-1} と c_{l-1} の間にちょうど $f[t, t+h] = f[a,b]$ である t があるはずである．そこをとってそれを $[a_2, b_2]$ とする．

　ここで中間値の定理を証明なしに使っているという批判があるが，コーシー自身『教程』での証明箇所（3.4節参照）を脚注で引用している．だからこれは欠陥とはいえないと思う．

　この操作を反復すると，$f[a_n, b_n] = f[a,b]$ である縮小区間列 ($n = 1, 2, \cdots$) ができる．この縮小区間列は一点 c に収束する．そこでは前節末で注意したように $f'(c) = \lim_{n \to \infty} f[a_n, b_n] = f[a,b]$ である．すなわちこのような c が存在する．　□

　一見手間がかかるようだが，このような証明のほうが伝統的な最大（小）値の存在→ロルの定理→平均値の定理という道筋よりも，かえって本質を正しくついているような気がする．

　余談ながらこれと同じ論法で，最近某大学の入試問題に出たという次の結果をうまく示すことができる．

　「あるマラソン選手がスタートから40kmの地点までちょうど2時間で走った．この選手がこの間に3分間にちょうど1km走った区間があることを証明せよ．」

証明は容易である．2時間を3分ずつの小区間に等分してその間に走った距離を調べる．もし偶然にその中にちょうど1 km の区間があったらそれでよい．それがなければ最も短い区間は 1 km より短く，最も長い区間は 1 km より長いはずだから，その両者をとり3分ずつの時間間隔の間に走った距離について，中間値の定理を適用すればよい．抽象的にどこかにあるというだけでなく，ラップの測定記録があれば，その場所も（近似的にだが）具体的に求めることができる．平均値の定理をこういう形で導入すると興味をひくかもしれない．

この証明の利点は多変数の場合にも「平均値の定理」に相当する結果を導くことができる点にある．これもコーシー以後の近年の結果だが，ついでに述べておこう．但し簡単のために2変数に限定し，細かい説明は省略する．

2変数の範囲 $R = \{a \leq x \leq b, c \leq y \leq d\}$ において $f(x,y)$ が十分に滑らかで何回か偏微分可能でありそれらの偏導関数がすべて連続と仮定する．「平均変化率」の解釈が問題だが，もしも形式的に

$$D = \frac{1}{(b-a)(d-c)}[f(b,d) - f(a,d) - f(b,c) + f(a,c)]$$

とすると，D の形の量を一点 (s,t) に縮めたときの極限値は2階の偏微分係数

$$\frac{\partial^2 f}{\partial x \partial y}(s,t) = \frac{\partial^2 f}{\partial y \partial x}(s,t) \quad \left(\text{左辺は}\frac{\partial}{\partial x}\left(\frac{\partial f}{\partial y}\right)\text{の意味}\right)$$

になる．そしてこの偏微分係数が R 全体での D と等しい点 (s,t) があるという結果をえる．しかしこれは形式的な類似にすぎない．

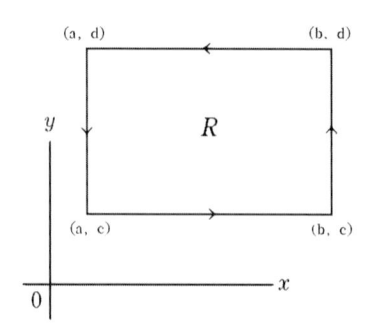

図 3.3　2 変数の平均変化率を考える

それよりも意味があるのは，R 内に偏微分可能で偏導関数が連続な 2 個の関数 $u(x,y), v(x,y)$ があり，R の周 C に沿う線積分 (5.3 節) を面積で割った量

$$I = \frac{1}{(b-a)(d-c)} \left[\int_c u(x,y)dx + \int_c v(x,y)dy \right]$$

を（ベクトル (u,v) の）平均変化率と考えた場合である．同様の量を一点 (s,t) のまわりに縮めたときの極限値は

$$\left(\frac{\partial v}{\partial x} - \frac{\partial u}{\partial y} \right)(s,t) = \mathrm{rot}(u,v) \text{（ベクトル (u,v) の回転量）}$$

になる．そしてこの値が R 全体での I の値に等しい点が存在するという結果をえる．見掛けはだいぶ異なるが，これが 2 変数関数に関する「平均値の定理」に相当する．これらの証明は R を縦横に 1 変数の場合と同様の等分を行い，中間値の定理によって D や I の値が等しい小区間をとって反復する，という方法により同様に証明できる．

従来の「標準コース」を批判して「古典的な平均値の定理は 1 変数特有であり多変数に拡張できない」という批判もあったが，このように考えると偏狭な印象を受ける．

ところで多くの教科書では前述の平均値の定理をラグランジュの形として，他に次のようなコーシーによる平均値の定理を挙げている．

関数 $y = f(x)$ と $y = g(x)$ とがともに $a \leqq x \leqq b$ の各点で微分可能で $g'(t)$ は決して 0 にならないとする．このとき，区間内に

$$\frac{f(b)-f(a)}{g(b)-g(a)} = \frac{f'(t)}{g'(t)} \quad t = a + \theta(b-a), \ 0 \leqq \theta \leqq 1 \quad (3)$$

を満足する点 t がある（この条件の下で $g(a) \neq g(b)$ である）．

これは『要論』の初版にはなく，全集にその付録として追加された部分にある（いつ頃追加されたのかははっきりしない）．確かにある種の評価にはラグランジュの形では不十分で，コーシーのこの形を活用する必要がある．念のためにその証明を述べておく．

その前にあわて者の失敗に注意する．普通の平均値の定理を使って

$$\frac{f(b)-f(a)}{b-a} = f'(t), \quad \frac{g(b)-g(a)}{b-a} = g'(t)$$

である t があるから割り算をすればよいというのだが，もちろん誤りである．誤りの原因は f と g での t が（同じ文字で略記したため早合点しがちだが），同一の値とは限らない点にある．正しい証明は以下の通りである．

$\lambda = \dfrac{f(b)-f(a)}{g(b)-g(a)}$ （定数）とおく．$F(x) = f(x) - \lambda g(x)$ にラグランジュの形の平均値の定理を適用すると

$$\frac{F(b)-F(a)}{b-a} = F'(t) = f'(t) - \lambda g'(t)$$

である t がある．しかし $F(b) - F(a) = 0$ なので，この t は $f'(t)/g'(t) = \lambda$ を満足する．それが所要の値 t である．□

平均値の定理（不等式）あるいはそれから導かれる「微分学の基本定理」から重要ないくつかの性質が出てくる．極値問題への応用もそうだが理論面でそのいくつかを挙げよう．

定理　関数 $f(x)$ が $a \leqq x \leqq b$ において微分可能で各点で $f'(x) = 0$ ならば $f(x)$ は定数である．

証明　もし $a \leqq u < v \leqq b$ において $f(u) \neq f(v)$ だとする．$f(u) > f(v)$ と仮定して一般性を失わない（必要なら $-f(x)$ を考える）．平均値の不等式により

$$f'(t) \leqq \frac{f(v) - f(u)}{v - u} < 0, \quad u \leqq t \leqq v$$

である t が存在しなければならない．これはつねに $f'(x) = 0$ という仮定に反する．□

定理　同じ状況で $f'(x) \leqq 0$ ならば広義の増加 $f(a) \leqq f(b)$ である．

証明　ε を正の定数として $g(x) = f(x) + \varepsilon x$ とおけば $g'(x) \geqq \varepsilon > 0$ だから $g(a) < g(b)$ である．これは $f(a) < f(b) + \varepsilon(b - a)$ を意味する．ε は任意の正の数だから，これを 0 に近づければ $f(a) \leqq f(b)$ でなければならない．□

これらは後述の「微分積分学の基本定理」（3.8 節）と深く関連する．

余談ながら筆者が（旧制）高等学校の生徒だった頃，次のようなうわさ話を聞いて驚いた経験がある．大正末期か昭和の初め頃，当時の数学教員検定試験に次のような問題が出題されたという．

問　関数 $f(x)$ が $a \leqq x \leqq b$ の各点で微分可能ならば，条件 $f'(x) > 0$ は，$f(x)$ が狭義の増加（$u < v$ ならば $f(u) < f(v)$）であるための必要条件か十分条件か？

できは大変に悪かったという．あてずっぽうに「必要十分条件」だと答えた某受験生が，終了後図書館にとびこんでそ

こにあるだけの微分積分学の教科書をひっくりかえして見たが，明確な解答は得られなかったという話で終っていた．

現在の学生なら「十分条件だが必要条件ではない」と正しく答えるだろう．必要条件と限らない反例は $f(x) = x^3$ である．$f'(0) = 0$ であり $f'(x) \geq 0$ だが狭義の増加である．しかし設問を条件 $f'(x) \geq 0$ と広義の増加（$u \leq v$ ならば $f(u) \leq f(v)$）に修正すれば，上記の定理からわかるように必要十分条件になる．

細かい部分を正しく理解していれば難しくないが，当時の教員志望者にとっては，意表をつかれた（?）難問だったのかもしれない．

3.7 積分の概念

積分は元来は図形の面積や体積を計算するために，細かく切って足し合せ，その極限をとる（区分求積）考えであり，微分法とは別であった．17世紀にその操作が微分法の逆演算であることがわかり（次節で論ずる微分積分学の基本定理），計算の便宜上「積分＝逆微分」ととらえられるようになった．18世紀にはオイラーを初めこの方式が標準だった(今日の高等学校の教科書もその流れである)．具体的に積分を計算する際に，細かく切って足して極限をとるという方式は導入や特別の演習に限られる．実際の計算はすべて微分の逆として扱うのだから，この方式がよくないとは断言できない．但し初等関数の不定積分が初等関数でうまく表現できるのは例外的な幸運(?)の場合に限るので、余りに 積分＝逆微分 と強調すると、かえって困る場面がある。

しかし19世紀に入って基礎づけが主題になると，積分を一度微分から切り離した本来の形に戻して再構成することが必要

になった．その先頭を切ったのがコーシーの『要論』第 21-25 講である．但しコーシーはもう少し前からこのような講義をしている（1.3 節）．それ以後近年まで（理論的には）積分優先であるから，コーシーは革命（ないし改革）の先陣といってよい．

　もちろんコーシーの所論には（今日の目から見ると）いろいろの不備がある．それらを完全にしたのはリーマン（1854）とダルブー（1875）である．それが今日リーマン積分と呼ばれる理論である．その後リーマン積分ではなお色々不十分な事実がわかり，19 世紀末のボレル，ベールらの拡張を経由してルベーグ積分（1902 年）に到達した．本書ではそこまで詳しく論ずる余裕がないが，次節にリーマン積分では不十分という現象を若干述べる．

　出発点は区間 $a \leq x \leq b$ で定義された関数 $y = f(x)$ である．コーシーは専ら連続関数を扱っているがしばらくその制約を除く．但し値が上下に有界とする．与えられた区間を分割する：

$$a = a_0 < a_1 < a_2 < \cdots < a_k < \cdots < a_{n-1} < a_n = b \quad (1)$$

これも必ずしも等分とは限らない．計算上では等分するのが便利だが，そうすると理論面では n 等分点と $(n+1)$ 等分点とはまったく別で，直接に比較できないからかえって不便である．

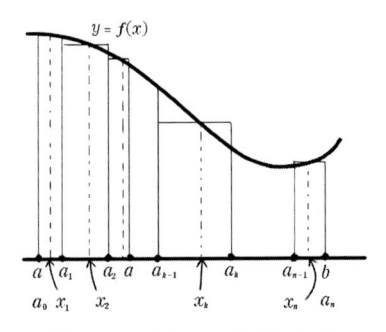

第 3 章　コーシーの数学 (1)　—微分積分学の基礎づけ　73

図 **3.4**　区間の分割と積和

　(1) のような分割を「細かくする」というのは，それをさらに細分し，小区間のうち長さ $a_k - a_{k-1}$ が最大であるもの（最大幅）を 0 に近づける，という意味の略称である．

　分割 (1) の各小区間 $a_{k-1} \leqq x \leqq a_k$ から代表点 x_k を選んで，そこでの関数値 $f(x_k)$ について

$$総和 = \sum_{k=1}^{n} f(x_k)(a_k - a_{k-1}) \tag{2}$$

を作る．(2) は後の学者の名をとってリーマン和とかダルブー和とよばれることが多いが，ここでは中立的 (?) な積和という語を使う．積和は各小区間上の細長い長方形の面積の和を表すが，コーシーは意図的にこの種の図形的イメージを避けていて，図も描いていない．ここで分割を細かくしたとき代表値 $f(x_k)$ をどうとっても積和が一定値 I に近づくとき，$f(x)$ が $a \leqq x \leqq b$ で積分可能 (詳しくはリーマン積分可能) といい，I を $f(x)$ の a から b までの積分（詳しくは定積分）といって

$$I = \int_a^b f(x)dx \tag{3}$$

と記す．余談ならが今日慣用の定積分 (3) の記法を使用してそれを普及させたのもコーシーの功績である．

上記の収束は $\varepsilon-\delta$ 式にいえば次のように述べることができる．

　任意に与えられた正の数 ε に対して，適当に δ をとると，分割 (1) の最大幅が δ 以下ならば，どのような代表点 x_k を採っても，|積和 $-I$| $<\varepsilon$ となるようにできる．

　これは前述の数列の収束とは毛色の変った収束である．実際現在ではこの形を抽象化した「フィルターの収束」の典型例とされている．しかし本書ではそこまで一般化せず，少し先走るがダルブーの成果を大枠とする．

　一般の積和では自由度が多すぎるので，ダルブーは小区間 $a_{k-1} \leqq x \leqq a_k$ での関数値 $f(x)$ の下限 m_k と上限 M_k（イメージとしては最小値と最大値）を採って

$$\text{下の積和} = \sum_{k=1}^{n} m_k(a_k - a_{k-1}), \quad \text{上の積和} = \sum_{k=1}^{n} M_k(a_k - a_{k-1})$$

を考えた．任意の積和の値は両者の中間にある．両者の差がいくらでも 0 に近づけば積分可能であって，それがリーマンの立場（コーシーも同様）である．ダルブーはもっと一般にあらゆる分割について

　　　下積分＝下の積和の上限 $\leqq$ 上積分＝上の積和の下限

を考えた．両者が一致するときが積分可能であり，その共通値が I である．ダルブーは $|f|$ が有界ならば，分割を細かくしたとき，上〔下〕の積和が上〔下〕積分に近づくことを一般的に証明した．それによって代表値の選び方の自由度を考慮せずに済むことになった．

　上述の積分可能性はかなり強い条件である．具体的にどんな関数が積分可能か？連続関数がそうだが少し難点があるので後述する．それよりも容易なのは単調関数である．この事実はもちろんたいていの教科書にあるが，余り活用されてい

第3章 コーシーの数学(1) —微分積分学の基礎づけ 75

ない．実用上の関数の大半は有限個の小区間に分けてそのおのおので単調にできるので，この性質をもっと活用してよいと思う（吉田洋一先生からの注意）．

単調関数とはつねに増加する，あるいはつねに減少する関数の総称だが，以下単調増加関数を考える（減少関数も同様，あるいは $-f(x)$ を考える）．このとき $f(x)$ は連続である必要はない（跳びがあってもよい）．

$f(x)$ が単調増加ならば，上下の積和はそれぞれ代表値として右端 $f(a_k)$ と左端 $f(a_{k-1})$ を採った積和である．このとき

$$\text{上の積和} - \text{下の積和} = \sum_{k=1}^{n}[f(a_k) - f(a_{k-1})](a_k - a_{k-1}) \quad (4)$$

である．(4) の右辺の絶対値は

$$\sum_{k=1}^{n}[f(a_k) - f(a_{k-1})]|a_k - a_{k-1}| < \delta \sum_{k=1}^{n}[f(a_k) - f(a_{k-1})] = \delta[f(b) - f(a)]$$

以下である．$f(b) - f(a)$ は正の定数だから，これは (4) がいくらでも 0 に近づくことを意味する．□

同じ証明は f が有界変動，すなわち分割 (1) の各小区間での f の振幅（上限と下限の差）の和が分割によらず一様に有界である場合にも適用できる．

$f(x)$ が連続な場合には，上下の積和の差 $= \sum_{k=1}^{n}(M_k - m_k)(a_k - a_{k-1})$ を $M_k - m_k < \varepsilon$ として全体の絶対値を

$$< \varepsilon \sum_{k=1}^{n}(a_k - a_{k-1}) = \varepsilon(b - a)$$

と評価する．コーシーは『要論』第 21 講で，連続関数が積分可能であることをこのような形で論じているが，実はそこに重大な欠陥がある．「与えられた正の ε に対して，特定の点 x_0 において δ を定め，$|x - x_0| < \delta$ ならば $|f(x) - f(x_0)| < \varepsilon$ とできる」

というのが連続性の定義である．しかしこの δ は点 x_0 に依存する．区間全体において（u,v がどこにあっても）$|u-v|<\delta$ ならば $|f(u)-f(v)|<\varepsilon$ となるような共通な δ を採ることができるか，というのは別の（もっと難しい）問題である．

今日では後者のように共通な δ を採ることができる関数を，単なる連続関数と区別して一様連続関数とよぶ．これは大域的な性質である．コーシーの証明は「一様連続関数が積分可能」という事実を正しく示しているが，普通の連続関数に対してはそのままでは適用できない．

幸いなことに（?）閉区間 $[a,b]$ で連続な関数はそこで一様連続であることが後に証明された．したがって結果的にコーシーの議論は正しかった．この「一様性」の課題は当時は十分意識されておらず，次章で述べる関数列の収束においてさらに深刻な問題を引き起こすことになる（4.5 節）．

コーシーは『要論』第 21 講で積分の定義を与えた（若干不備があるにせよ）後，第 22-25 講でその基本的性質（加法性など）や近似計算法（数値積分）を示し，さらに積分域で関数値が ∞ になる場合や無限区間にわたるいわゆる特異（変格）積分を論じる．特に積分域に特異点がある場合の主値積分について詳しく論じている．

$\int_{-1}^{1} \frac{1}{x} dx$ は $x=0$ の所で関数値が ∞ になり，そこで分けると $\infty - \infty$ の形になって意味がない．しかし 0 の両側を等しい幅 ε だけ除き，それ以外で積分して

$$\lim_{\varepsilon \to 0}\left[\int_{-1}^{-\varepsilon} \frac{dx}{x} + \int_{\varepsilon}^{1} \frac{dx}{x}\right]$$

とすると，これは

$$\log_e \varepsilon - \log_e \varepsilon = 0$$

となる．このように特異点の両側を ε ずつ除いて積分し，後に

第3章　コーシーの数学(1)　—微分積分学の基礎づけ　77

$\varepsilon \to 0$ とした極限値を積分の**主値**という．今日 v.p.$\cdot \int_{-1}^{1} \frac{dx}{x} = 0$ と表される．これもコーシーの発案である．

現在では（特に複素数平面上の線積分について）このような場面には $-\varepsilon$ と ε の間を空白にせず，特異点を避けた迂回路（例えば複素数平面上で両者を結ぶ原点中心半径 ε の下半円）で結んで計算し，その後で $\varepsilon \to 0$ とするという操作を採用するのが標準である．しかし主値積分の考えをうまく活用すると有用な場合がある（上記 v.p. はフランス語で**主値**を意味する valeur principal の頭字）．

『要論』では第 26 講で不定積分を導入し，次節で解説する微分積分学の基本定理を証明する．その後は具体的な関数の積分計算手法が中心である．さらに重積分を導入し，積分記号内での偏微分との順序交換や級数の項別積分を論ずる．そのあたりには結果的に正しいものの，今日の眼から見ると理論の展開には不備が残る箇所もある．

ここで『要論』第 27 講の末尾にある小さい（しかし面白い）注意を紹介する．あわて者が $\int \frac{\cos x}{\sin x} dx$ を計算しようとして部分積分法を使った．$\cos x$ の積分が $-\sin x$，$\frac{1}{\sin x}$ の微分が $-\frac{\cos x}{\sin^2 x}$ と計算すると次のようになる．

$$\int \frac{\cos x}{\sin x} dx = \frac{\sin x}{\sin x} - \int \frac{\sin x \cdot \cos x}{-\sin^2 x} dx = 1 + \int \frac{\cos x}{\sin x} dx$$

両辺から共通項を引くと $0 = 1$．　あれれ！　これは矛盾ではないか？

読者の中にこうした失敗をした方はいないだろうか．私自身は直接経験していないが，学生時代にこんな誤りをしては

いけないと，先輩から注意されたことがある（正規の演習ではなかったが）．

　　コーシーは次のように説明している．
　　「不定積分〔の記号〕には，任意定数もこめられているものと考えられているが，これらの任意定数は〔それぞれの項で〕まったく異なる数値のものであることを見落としてはならない．…上式は不都合な等式ではないのである」（訳は小堀憲訳による）．

上の例で消去した式は 0 = 1 ではなくて実は 1 = 定数という，正しいが自明な式である．つまり矛盾ではないが上記の計算はむだであった．部分積分したのが見当違いであり，本当の答えは対数微分の公式による $\log|\sin x| + C$ である．

ところで現在では余り使われないが，コーシーは次の積分の（第 1）平均値定理（に相当する結果）を『要論』第 22 講で論じている．

区間 $[a, b]$ で $f(x)$ が連続ならば，

$$\int_a^b f(x)dx = f(\xi)(b - a)$$

が成立するような $\xi = a + \theta(b - a)$，$0 < \theta < 1$ が存在する．

証明は中間値の定理によって容易にできる．

なお積分の第 2 平均値定理という結果は半世紀以上後のダルブー以後のものだが念のために挙げておく：

区間 $[a, b]$ で $f(x)$ がリーマン積分可能，$\varphi(x)$ が有界な単調関数のとき，

$$\int_a^b f(x)\varphi(x)dx = \varphi(a+)\int_a^\xi f(x)dx + \varphi(b-)\int_\xi^b f(x)dx$$

を満足する $\xi : a < \xi < b$ が存在する．

ここに $\varphi(a+) = \lim_{x \to a+0} \varphi(x), \varphi(b-) = \lim_{x \to b-0} \varphi(x)$ を表す．なお通例 $a \leqq \xi \leqq b$ とするが，$a < \xi < b$ としてよいことを明示したのは（若くして亡くなられた京大の）岡村博教授に負う．

この定理は「高級な」結果だが，特異積分（$\lim_{b \to \infty} \int_a^b f(x)dx$ など）の収束を示すときなどに有用なことがある．

最後にこれは積分というより統計学の話題だが，「だらけた」連続分布として確率密度関数が

$$\frac{1}{\pi(1+x^2)};$$

(一般に平均値 μ，標準偏差 σ なら $1\big/\pi\sigma\left[1+\dfrac{(x-\mu)^2}{\sigma^2}\right]$) で与えられるコーシー分布に一言しておこう．平均値は定義できるが高次のモーメント積分が収束しない（存在しない）いじの悪い例であり，無限区間の積分の問題点を指摘する例である．

3.8 微分積分学の基本定理

「微分積分学の基本定理」とは（適当な条件の下で）微分法と積分法とが互いに逆演算であることを示す定理である．厳密にいうとそれは次の 2 個の（一応別の）命題の総称である．その証明は後述する．

第 1 基本定理 区間 $a \leqq x \leqq b$ で $f(x)$ が積分可能（であって連続性などの付帯条件がある）ならば，積分区間の上端を変数 t として定義される関数 $F(t) = \int_a^t f(x)dx$ は微分可能であって $F'(t) = f(t)$ である．

第 2 基本定理 区間 $a \leqq x \leqq b$ の各点で $f(x)$ が微分可能であり，導関数 $f'(x)$ が積分可能ならば $\int_a^b f'(x)dx = f(b) - f(a)$ である．

$f(x)$ に対して $F'(x) = f(x)$ である関数を $f(x)$ の不定積分とよぶのが習慣だが，この語はまぎらわしい（少なくとも上記の基本定理の証明が済むまでは）ので，ここでは $F(x)$ を $f(x)$ の原始関数とよぶことにする．

$f(x)$ の原始関数は一つとは限らない．$2x$ の原始関数は x^2 だけでなく，x^2+1 も x^2-3 もそうである．$\sin^2 x, -\cos^2 x, -\frac{1}{2}\cos 2x$ はすべて $2\sin x \cos x (= \sin 2x)$ の原始関数である．但しこれらの差はすべて定数である．平均値の定理の節（3.6）で注意した通り，$f'(x) = 0$ である関数 $f(x)$ は定数（値関数）に限るので，原始関数は一つの特定の関数 $F(x)$ を定めれば，他はすべて $F(x)+C$（C は定数）と表される．この C が積分定数である．

上述の第1基本定理は

$$F(x) = \int_a^x f(u)du \quad \text{（積分変数を書き換え）}$$

が $f(x)$ の一つの原始関数であることを意味する．$f(x)$ が問題の点で連続ならばこの証明はやさしい．区間に関する積分の加法性を使えば

$$\frac{F(t+h) - F(t)}{h} = \frac{1}{h}\int_t^{t+h} f(x)dx \tag{1}$$

である．(1) の右辺を $\frac{1}{h}\int_t^{t+h} f(t)dx = \frac{h}{h}f(t) = f(t)$ と比較すると，

$$\left|\frac{1}{h}\int_t^{t+h}[f(x) - f(t)]dx\right| \leqq \frac{1}{|h|}\int_t^{t+h}|f(x) - f(t)|dx \tag{2}$$

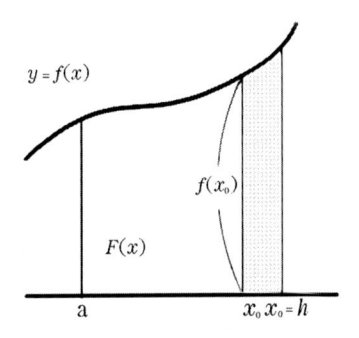

図 **3.5** 微分積分学の第 1 基本定理

である．$f(x)$ が $x = t$ において連続ならば $|f(x) - f(t)|$ は h を小さくすれば，h と比べていくらでも小さくなり，(2) の右辺はいくらでも小さくなる．すなわち (1) の右辺は $f(t)$ に近づく．これは $F'(t) = f(t)$ を意味する． □

この性質から積分域の上端を変数とした積分値を不定積分とよんで，これを原始関数と同義に転用しても差しつかえないことになる．

第 2 基本定理も $f'(x)$ が連続ならば（コーシー自身はそう仮定している）これから次のようにして証明できる（記号はコーシーの原文と若干違う）．

$$g(x) = \int_a^x f'(u)du - f(x) \tag{3}$$

と置く．第 1 基本定理によって (3) の右辺は微分可能であってその導関数は

$$g'(x) = f'(x) - f'(x) = 0$$

である．したがって $g(x)$ は定数 C でなければならない（3.6 節に示した）．すなわち

$$\int_a^x f'(u)du = f(x) + C$$

ここで $x = a$ とすれば左辺は 0 なので $C = -f(a)$ である．$x = b$ とおけば

$$\int_a^b f'(x)dx = f(b) - f(a) \quad \text{である．} \square$$

これは正しい証明だが $f'(x)$ の連続性を仮定している（実用上では問題ないが）．$f'(x)$ が積分可能という条件だけで論ずるとすれば（今日の多くの教科書にある通り）平均値の定理を使って以下のように示すのが正当だろう．コーシー自身も『要論』第 21 講で同様の議論をしている．

区間 $[a, b]$ の分割

$$a = a_0 < a_1 < \cdots < a_{n-1} < a_n = b$$

に対して，各小区間 $[a_{k-1}, a_k]$ において，平均値の定理により

$$\frac{f(a_k) - f(a_{k-1})}{a_k - a_{k-1}} = f'(x_k), \quad a_{k-1} \leqq x \leqq a_k$$

を満足する x_k がある．この x_k を代表値に採ると積和は

$$\sum_{k=1}^n f'(x_k)(a_k - a_{k-1}) = \sum_{k=1}^n [f(a_k) - f(a_{k-1})] = f(b) - f(a)$$

に等しい．積分可能性から区間を細かくしたとき，任意の積和はある一定の値 I に近づく．その極限値は上記の特別な例に対する値 $f(b) - f(a) = I$ に等しい． $\square$

この意味で平均値の定理は微分と積分の重要な橋渡しである．

多少手間はかかるが，平均値の不等式で与えられる点を代表値として下積分〔上積分〕と比較するという方法を採れば，平均値の定理（等式）を示さなくても済む．そのような証明のほうが積分可能性や基本定理の本質に触れていると思う．但しこのような証明が考えられたのはずっと後（少なくともダルブー以後）である．

第 3 章　コーシーの数学 (1)　—微分積分学の基礎づけ　83

　微分と積分の逆関係がわかれば積や合成関数の微分法の公式から積分に対して部分積分法や置換積分の公式を得る．多くの教科書にあるので説明は略す．

　しかし各点で微分可能な関数 $f(x)$ の導関数 $f'(x)$ が（リーマン）積分可能かという問題が残る．ダルブーなどは証明しようとして失敗したらしい．イタリアのディニなどはこれを疑ったが，反例作りに失敗して懸案となった．

　これとからんで 1880 年頃，解析学の基礎を研究していた数学者の間で次の課題が議論された．実数の部分集合でいたる所疎な集合 G なのに正の外拡度をもつものがあるか？これはコーシーの死後 20 年以上たってからであり，コーシーとは直接関係ないが，これまでの日本の教科書に余り注意されていないので少し述べる．

　いたる所疎とはどのような開区間 U もそれに含まれないことである．外拡度は今日の外測度の原形で，G を含む有限個の区間 $U_1, \cdots, U_m$ の長さの総和の下限である．

　今日の学習者なら多分比較的容易にその種の集合を構成できるだろう．区間 $[0,1]$ を 3 等分して中央の区間を除き，残った区間に同様の操作を反復して，最後に残る点集合 G が有名なカントル集合である．これはいたる所疎な集合の典型例である．今日ではフラクタル集合の例としても興味をもたれている．但しこのカントル集合自身の外拡度は 0 である．除かれた区間の長さの和が

$$\frac{1}{3} + \frac{2}{3^2} + \frac{2^2}{3^3} + \cdots + \frac{2^{n-1}}{3^n} + \cdots = \frac{1/3}{1-(2/3)} = 1$$

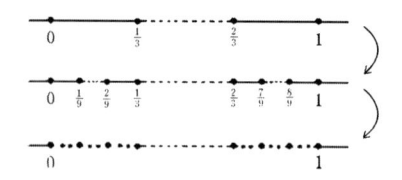

図 3.6　カントル集合の構成

となるからである．しかしこのとき除く区間の長さを急激に小さくして，除かれた区間の長さの和が 1 よりも真に小さいように工夫すれば，得られる集合はいたる所疎でしかも正の外拡度をもつ．□

もっともカントル集合はずっと後の発案であり，1880 年頃の数学者が思いつかなかったのは無理もない．

ディニの弟子であったヴォルテラ（当時大学在学中）は，講義でこの問題を知ると以下のようにして同種の集合を作った（1881）．さらにすぐその後でそれを活用して，各点で微分可能な関数 $f(x)$ の導関数 $f'(x)$ が有界であってリーマン積分可能でない例を作った．これらは彼が発表した 2 番目と 3 番目の論文で彼の全集の最初に載っている．イタリア語で書かれたせいで余り知られていないようなのが残念である．

まず最初の集合の構成を述べる．区間 $[0,1]$ に $c_0 = 1 > c_1 > c_2 > \cdots \to 0$ という列を $c_0 - c_1 = (1/2^{2 \cdot 1})(1-0)(= 1/4)$; $c_n - c_{n-1}$ が次々に小さくなるようにとる．右端の開区間 $c_1 < x < c_0$ を除く．次に各小区間 $[c_{n+1}, c_n]$ に列 $c_n > c_{n,1} > c_{n,2} > \cdots \to c_{n+1}$ を $c_n - c_{n,1} = (1/2^{2 \cdot 2})(c_n - c_{n+1})$; $c_{n,k} - c_{n,k+1}$ が次々に小さくなるようにとり，右端の開区間 $c_{n,1} < x < c_n$ を除く．同様の操作を各小区間 $[c_{n,k}, c_{n,k+1}]$ に施すが，右端の区間の長さをもとの区間の $1/2^{2 \cdot 3} = 1/64$ にする．この操作をくりかえし，残った点（0,1 も加える）の集合を G，その閉包（G の点列の集積点全部を加えた集合）を $\bar{G}$ とする．$\bar{G}$ は開区間を含まない．し

かし除かれた区間の長さの総和が m 段階まででは

$$s_m < \frac{1}{2^2} + \frac{1}{2^4} + \cdots + \frac{1}{2^{2m}} = \frac{1}{3}(1 - \frac{1}{4^m}) < \frac{1}{3}$$

だから，m 段階までで残った点集合を覆う区間の長さの和は 2/3 以上なければならず，G は外拡度が正である．

ヴォルテラはさらに区間 $[0, 1]$ に対する G の補集合が G の点を両端点とする可算個の開区間の合併で表されることを示した．但しこの性質は実軸上の開集合の一般的な性質であることが，20 世紀初めにわかった．

次に関数 $g(x) = x^2 \sin(1/x)$ を考える．但し $g(0) = 0$ とおく．この関数は $x = 0$ において連続であり，そこで微分可能で $g'(0) = 0$ である（3.4 節末参照）．しかし $x \neq 0$ のとき

$$g'(x) = 2x \sin(1/x) - \cos(1/x)$$

であって，$x \to 0$ のとき $[-1, 1]$ より僅かに大きい幅を無限回振動し，$\lim_{x \to 0} g'(x)$ は存在しない．その意味で $g'(x)$ は $x = 0$ で不連続である．これを使ってヴォルテラは任意の開区間 $a < x < b$ に次のような関数 $g(x; a, b)$ を定義する．

$g(x; a, b) = 0$　　($x = a, x = b$ で)
$g(x; a, b) = (x - a)^2 \sin[1/(x - a)]$　　($a < x \leq x_1$ で)
　　ここに x_1 は $x_1 \leq (a + b)/2$ で右辺の導関数が 0
　になる最大の値
$g(x; a, b) = (b - x)^2 \sin[1/(b - x)]$　　($x_2 \leq x < b$ で)
　　ここに x_2 は $x_2 \geq (a + b)/2$ で右辺の導関数が 0
　になる最小の値

このとき $g(x_1; a, b) = g(x_2; a, b)$ なので $x_1 < x < x_2$ ではその共通値を定義とする．

定義から $g(x; a,b)$ は $a \leqq x \leqq b$ の各点で微分可能で，次の評価がすぐにわかる．

$$|g(x; a,b)| \leqq \min[(x-a)^2, (b-x)^2],$$
$$|g'(x; a,b)| < 2(b-a) + 1.$$

そこで $0 \leqq x \leqq 1$ において前に作った集合 G をとり，G の補集合の各開区間 $a < x < b$ については $f(x) = g(x; a,b)$ と定義し，G 上では $f(x) = 0$ と定義する．この関数は連続で各点で微分可能であり，$|f'(x)| < 3$ である．しかし $f'(x)$ は開区間の端点である G の点 x_0 の近くで無限回 2 以上の幅の振動をする．どのように細分しても x_0 を含む区間での $f'(x)$ の上限と下限の差は 2 以上であり，それらの区間の長さの和は正の下限をもつ．それらの合計として上積分と下積分は正の一定値以上の差をもつので，リーマン積分可能でない．□

ヴォルテラはさらに次の注意をしている．上記の関数 $f'(x)$ を区間 $[0, x]$ $(0 < x < 1)$ で計算した上積分，下積分をそれぞれ

$$F^+(x) = \overline{\int_0^x} f(t)dt, \quad F^-(x) = \underline{\int_0^x} f(t)dt$$

とおく．これらは連続である．これらのディニの微分（平均変化率の優極限，劣極限をとった関数）は有界であるがやはりリーマン積分可能でない．その意味で前記の形の微分積分学の第 2 基本定理は無条件では成立しない．両辺の値がくい違うのではなく，そもそも左辺が無意味（定義できない）という反例だから深刻である．

これはリーマン積分がなお不完全なことを意味する．但しディニもヴォルテラも，リーマン積分を批難しなかった．それ以前の原始関数の存在を自明と考えていた理論よりもはるかに優れた一般論だったからである．

今日の眼で見ると，いたる所微分可能な関数 $f(x)$ の導関数 $f'(x)$ は「ベールの第 1 級関数」なので，その不連続性は限られる．例えばどのような区間内にも必ず連続点がある（いたる所不連続にはなりえない）．その積分は 1890 年代のボレルやベールの理論によって定義できる．しかしこれらはなお中途半端な理論だった．ルベーグ積分（1902）まで進むと，$f'(x)$ が有界（少なくとも片側に有界）ならばルベーグ積分可能であって，第 2 基本定理が成立する．今日しばしばルベーグ積分が古典解析学の一つの完成といわれる根拠の一つがこの事実である．

　話がコーシー自身からだいぶ進んでしまったが，一つの理論が完成するまでに，大勢の人々による多くの改良修正が必要であった例として解説した次第である．

　コーシーの『要論』は前にも略記したが，その後特異定積分（第 25 講；$\lim_{x\to\infty}\int_a^x f(x)dx$ など），諸関数の積分の計算法（第 27-32 講），重積分を累次積分に還元（第 34 講），積分記号内での偏微分との順序交換（第 33,35 講）などを論じ，最後にテイラー展開（第 37,38 講）を論じる．これらは多くの教科書にあるのと似ているので省略するが，テイラー展開については次章（4.4 節）で論ずる．

　他方初等関数の原始関数が必ずしも初等関数で表されない例は $\int \dfrac{\sin x}{x}dx, \int e^{-x^2}dx$ など多数ある．それらが実際に初等関数で表されないことは 1830 年代にリューヴィルが，「初等関数」の厳密な定義から始めて完全に証明した．その理論は永らく忘れられていたが，1970 年代に現れたコンピュータによる積分計算の「リッシュの算法」に活かされている．

第4章 コーシーの数学(2)——級数の収束

4.1 級数の和の意味

現在の数学では数を並べた列

$$a_1, \ a_2, \ a_3, \cdots \tag{1}$$

を数列（sequence）とよび，それらの和をとった

$$a_1 + a_2 + a_3 + \cdots \ = \sum a_n \tag{2}$$

を級数 (series) とよんで明確に区別している．そうするのが好ましいので本書もそのように使い分ける．しかしコーシーの時代を込めて意外に近年まで，両者は明確に区別されず，どちらも series とよばれていた．実際太平洋戦争以前の教科書では等差数列 $1, 2, 3, \cdots$ を「等差級数」とよんだ場合が多かった．半分冗談かもしれないが，フィボナッチ数列 1, 1, 2, 3, 5, 8, …を「フィボナッチ級数」とよんで「ヘボキュウリ」と覚えろと教えられた記憶がある．

　数列の和の形の級数はかなり昔から使われていた．しかし有限個の和の意味は明白だが，無限級数の和が何を意味するのかは漠然としていた．

第4章 コーシーの数学(2)——級数の収束

　コーシー以前の数学者が今日いう収束性に全く無頓着だったというのはいい過ぎである．例えば調和級数

$$\sum_{n=1}^{\infty} \frac{1}{n} = 1 + \frac{1}{2} + \frac{1}{3} + \frac{1}{4} + \cdots \quad \left(1 \Big/ \sum_{n=1}^{\infty} n \text{ と混同しないこと}\right)$$

の和(部分和)はいくらでも大きくなる(後述)．このことは既に14世紀にニコル・オレムが明確に証明している．18世紀の数学者特にオイラーは巧妙な「総和法」を駆使して，コーシーの意味(後述)では収束しない級数の和を色々と求めている．それらは「誤り」ではなく，今日ではすべて「合理化」されている．

　しかし(2)のような無限級数の「値」を論ずる前に，そもそも無限級数とは何を意味するか(その和なるものをどう定義するか)を改めて考えたのが，コーシーの「革命的な」部分であった．その考えは『教程』に明確に述べられている．すなわち(2)に対してまずその部分和

$$s_1 = a_1, s_2 = a_1 + a_2, s_3 = a_1 + a_2 + a_3, \cdots, s_n = \sum_{k=1}^{n} a_k \quad (3)$$

を作る．その列の極限値 $s = \lim_{n \to \infty} s_n$ が存在するとき，級数が収束するといい，その極限値を無限級数(2)の和と定義する．それが収束するのは，部分和の列 $\{s_n\}$ が次第に一箇所に塊まってくることである．前章の初めに(3.1節)「基本列の収束」を論じたが，コーシー自身の考え方はむしろ逆の順であった．基本列が収束すること（実数の完備性）を当然の前提（公理）として議論を進めたのである．それが実数の連続性の一つの典型的な表現だというのは少し後の（そして今日の）見解である．

　項 a_k がすべて正または 0 の実数である正項級数については，部分和の列が上に有界なことが収束性の必要十分条件である．そのときに収束する（定まった極限値がある）というのは後にワイエルストラスが与えた実数の連続性の一つの表現である

が,『教程』にその事実が明記されている．そのとき和は (2) のあらゆる有限個の和全体の作る値の上限であり, (2) の項の順序をどのように変更しても和は不変である．

正項級数 $\sum a_n$ に対して別の正項級数 $\sum b_n$ があり，各 n に対してつねに $0 \leqq a_n \leqq b_n$ とする．このとき後者を前者の優級数という．収束する優級数をもつ正項級数は，それ自身収束する（比較判定法）．収束する優級数として公比が 1 未満の無限等比級数がよく使われる（その他の例もある）．

一般項の（複素数でも）級数 (2) に対して，その絶対値をとって作った級数 $\sum_{n=1}^{\infty}|a_n|$ を絶対値級数といい，それが収束するときに元の級数は絶対収束するという．余談ながらコーシーは絶対値という語を複素数に対しては使っているが，実数に対してはその「値」とか「数値」とよんでいる．しかし本書では（特に区別する必要もないので）すべて絶対値とよぶ．

絶対収束する級数は収束する．これは決して自明な事実ではない（言葉に惑わされぬように）．$\sum a_n$ と $\sum |a_n|$ と 2 個の別々な級数の話だからである．この証明には基本列の考えが的確に使われる．$\sum_1 a_n$ の部分和の列が基本列をなすことを示せばよい．それは任意に与えられた正の数 ε に対して，ある番号 l 以上の部分和の差 $|s_n - s_m|$ $(n, m \geqq l)$ が ε 以下という条件である．これは l 番から先の項の有限和の絶対値 $|a_{k_1} + \cdots + a_{k_p}|$ が ε 以下という関係に含まれる．ところが絶対値級数の部分和は収束するという仮定から，そのほうは基本列の性質を満たし，l 番から先の項の有限和について

$$|a_{k_1}| + \cdots + |a_{k_p}| < \varepsilon$$

が成立する．$|a_{k_1} + \cdots + a_{k_p}|$ は，各項の絶対値の和以下だから当然 ε 以下である．これで証明できた．□

同じ論法で，絶対収束する級数はその項の順序をどう変更してもつねに収束して和も不変ということが証明できる．これらはコーシー以前にはなんとなく自明な事実のように使われていた．他方それ自身は収束するが，絶対収束ではない（条件収束とよばれる）級数の和は，項の順序を変更すると一般に変化する．この事実が明確になったのは 1830 年代のディリクレの研究以後であり，コーシーはそのことを明言していない．このような点にも，無限級数を形式的に有限級数の類似として扱うと危険な例がある．

非常にうるさいことをいうと，真に無限和として意味があるのは絶対収束する級数だけといいたくなる．特に多重級数の場合はそうである．条件収束は単にたまたま（?）ある順序に並んだ場合の偶然の和にすぎない．もちろんこう割り切るのは少々早計である．単一級数では「自然な意味」をもつ条件収束級数も多数ある．しかし無限級数を安易に有限和のように考えて扱っては危険という事実が，漸く 19 世紀の初め頃になって明確になったことは強調してよい．

コーシーは級数の部分和 s_n に対して

$$s = s_n + r_n$$

とおき，r_n を剰余とよんでいる．級数の和（として期待される値）s が既知ならば，この記法は有用である．級数が収束することと，r_n が n に関して無限小である（n とともに限りなく 0 に近づく）こととは同値である．特に後述のテイラー展開の場合のように，和として期待される値 s が目標として確定している場合には，剰余項 r_n をうまく表して，$n \to \infty$ のときそれがいくらでも 0 に近づくことを証明することにより収束性を保証する．これが一つの標準的手法である．

但し関数項の級数の場合（後述 4.5 節）に，点別収束と一様収束の区別が明確でなく，コーシーの理論に大きな欠陥があっ

た．それは後述することとし，しばらくは単なる数の級数に限定する．

コーシーによる級数の和の定義は今日では標準的なものとして確立している．しかし実用上コーシーの意味で和が求められない（発散する）級数に，その「和」を適当に定義できると便利なことが多い．オイラーが求めた

$$1 - 1 + 1 - 1 + \cdots = 1/2,$$
$$1 - 2 + 3 - 4 + \cdots = 1/4$$

などがその一例である．このようにコーシーの意味では収束しない級数に対して適当な手法でそれに意味のある和の値を与える算法を総和法（summation）とよぶ．部分和の列 s_n の相加平均 $(s_1 + \cdots + s_n)/n$ の極限値をとるチェザロの総和法やベキ級数 $f(x) = \sum_{k=1}^{\infty} a_k x^k$ の極限値 $\lim_{x \to 1-0} f(x)$ をとるアーベルの総和法などが最も簡単な実例である．上記の 2 例はいずれもこれらの方法で合理化できる．これらは 19 世紀の中頃以降の発展だが，今日ではさらに「発散級数の有限部分」の理論などがある．オイラーが求めた結果のほとんどすべては現在では何らかの方法によって「合理化」されている．

しかしそれらは一旦収束の概念が確立した後の更なる発展である．級数の和に関するコーシーの業績を過小評価するものではない．

4.2 収束判定法

さて前節のように級数の収束という概念が確立したところで，与えられた級数が収束するか否かを判定する便利な判定法が必要になる．

基本列に基づく考え方は理論的な基礎であるが，実際に与えられた級数に適用するのは繁雑すぎ，あるいは技巧的すぎて十分役に立たない．もっと手軽に使える実用的な判定法が不可欠である．

ここでいう判定法（criterion）とはすべて一つの十分条件にすぎない．必ずそれだけでは判定できない場合が残る．それは収束性にあいまい性があるのではなく，適用した判定法という道具が不十分なための制約である．但し「不十分」だからといって軽視してはいけない．大多数の場合に手軽に適用できて，大半の場合にうまくゆくのなら十分に実用になる．それを収束の「定義」などと混同しないことである．

まず，これは非収束（発散）の判定法だが，収束する級数 $\sum_{k=1}^{\infty} a_k$ の各項自身は 0 に近づく．$a_n = s_n - s_{n-1} \to s - s = 0$ だからである．この「対偶」をとれば，項が 0 に近づかない級数は（コーシーの意味では）収束しない．自明に近いが案外有用な判定法である．

但し次の点を注意しておく．まずこの逆は成立しない．項が 0 に近づいても収束しない級数の一例は，最初に述べた調和級数 $1 + \frac{1}{2} + \frac{1}{3} + \frac{1}{4} + \cdots$ である．他方各種の総和法では $a_n \to 0$ でない級数の和を扱うことが多い．

収束することの判定法として，素朴だが有用なのは等比数列との比較による判定である．$\sum_{k=1}^{\infty} a_k$ の項が（ある所から先）0 でなく，その比 $|a_{k+1}/a_k|$ が（ある所から先）1 より小さい正の定数 r より小さければ，その絶対値級数は収束する等比級数 $\sum_{k=1}^{\infty} cr^k$ を優級数にもつから絶対収束する．反対にある所から先でつねに $|a_{k+1}/a_k| \geqq 1$ ならば，$a_k \to 0$ にはなりえないから収束しない．極限値でいえば次のようになる：

$$\begin{cases} \lim_{k\to\infty} |a_{k+1}/a_k| < 1 & \text{なら絶対収束する}, \\ \lim_{k\to\infty} |a_{k+1}/a_k| > 1 & \text{なら収束しない} \end{cases}$$

これは実質的にダランベールの成果であり，コーシーもそう述べている．この判定法は比の極限値が存在しないときや，存在してもちょうど 1 に等しいときには無効である．最後の場合に判定できないというのは，実際に比の極限値がちょうど 1 になるような，収束する級数もしない級数もともに存在するからそれだけでは何ともいえないという意味である．以下の判定法でもすべて同様である．その具体例は次の一例である．

$$\sum_{k=1}^{\infty} \frac{1}{k} = \frac{1}{1} + \frac{1}{2} + \frac{1}{3} + \frac{1}{4} + \cdots \quad \text{は収束しない}$$

$$\sum_{k=1}^{\infty} \frac{1}{k^2} = \frac{1}{1^2} + \frac{1}{2^2} + \frac{1}{3^2} + \frac{1}{4^2} + \cdots \quad \text{は収束する} \quad \left(\text{和は} \frac{\pi^2}{6}\right)$$

同じく等比級数との比較だが，コーシー自身は次の累乗根判定法を愛用している．

級数 $\sum_{k=1}^{\infty} a_k$ について，$|a_k|^{1/k} = \sqrt[k]{|a_k|}$ の極限値 λ を考える．もし $\lambda < 1$ なら収束し，$\lambda > 1$ なら収束しない（$\lambda = 1$ のときは判定できない）．

実はここでコーシーは「最大の極限値」λ という語を使っている．この語についてコーシー自身は詳しく解説していない．そのためにこの定理（『教程』の中頃にある）は，$\lim_{k\to\infty} |a_k|^{1/k}$ が存在する場合，というように矮小化されて理解されてしまった．これが今日の優極限：$\limsup_{k\to\infty} |a_k|^{1/k} = \overline{\lim_{k\to\infty}} |a_k|^{1/k}$ の意味であることがわかって再発見されたのは，アダマールの学位論文（1891）以降である．それがベキ級数の収束半径を定める「コーシー・アダマールの公式」（次節参照）に関連する．こ

の例は先駆者があいまいな形で述べた内容に対して真意が正しく理解されず,歪められ矮小化されて永らく伝えられた例としてしばしば引用される.

コーシーが知っていたかどうかはともかく,優極限と似た概念もボルザーノが扱っている.しかしそれが広く理解されるようになったのは,19世紀の最後の四半世紀に入ってからである.ここでは後知恵だが現在的な立場で解説する.

数列 $\{c_n\}$ の極限値は必ずしも存在しない.しかし実数列 $\{c_n\}$ の優極限は($\pm\infty$ も含めれば)必ず存在する.その意味でこの判定法は(実際の計算はともかく)理論的にはかなり強力である.

コーシーは「最大の極限値」という語を使ったために正しく理解されなかったようだが,現在の言葉を使えばそれは「最大の集積値」である.集積値とはすべての番号でなくて跳び跳びでよいから,ともかくそこに $\{c_n\}$ の中の無限個の数(ある部分列)が集まってくるような値である.

別の表現を使えば,優極限=最大の集積値 α とは,次の性質をもつ値である.

$1°$ $\beta > \alpha$ である任意の値 β をとると,$\beta < c_n$ である番号 n はあっても有限個である.

$2°$ $\gamma < \alpha$ である任意の値 γ をとると,$\gamma < c_n$ である番号 n は無限個ある(連続的でなく跳び跳びでよい).

こういう性質をもつ値 α は一つしかありえない.なお $\alpha = \pm\infty$ のこともあるが,そのときにはどちらか一方の性質は無意味として他方のみを考える.

そうすると α より大きい β には $\{c_n\}$ が集まることはできない.$\alpha < \beta' < \beta$ である β' より大きい c_n はあっても有限個だから,β に収束することはできない.他方 $\gamma < \alpha$ に対しては $\gamma < c_n$ である n が無限個あるが,α より大きな値には集まれ

ないから，α に集まるしかない．その α が優極限である．

そのような α が存在するかどうか気にかかるなら次のように考えればよい．$\{c_n\}$ に対して番号 m をとって m 以上の番号 c_n の上限値 u_m をとる．m を増やせば上限をとる範囲が減るから u_m は減少する．減少列の極限値は $-\infty$ も許せば必ず存在する．$\lim\limits_{m\to\infty} u_m = \alpha$ が，前記の性質 1°, 2° を満たすことは，定義を注意深く考察すれば確かめられる．この数列 u_m の極限値が優極限である．

念のために先のコーシーの累乗根判定条件を証明しておく．$\limsup\limits_{n\to\infty} |a_n|^{1/n} = \lambda \geqq 0$ とおく．$\lambda < 1$ ならば $\lambda < \mu < 1$ である定数 μ をとると，$|a_n|^{1/n} > \mu$ である n は有限個である．したがって有限個を除いて $|a_n|^{1/n} \leqq \mu$, $|a_n| \leqq \mu^n$ であり，$\sum |a_n|$ は収束する優級数 $\sum \mu^n$ $(0 < \mu < 1)$ をもつから絶対収束する．他方 $\lambda > 1$ ならば無限に多くの n ついて $|a_n|^{1/n} > 1$ すなわち $|a_n| > 1$ である．$a_n \to 0$ ではないから $\sum a_n$ は収束しない．□

$\lambda = 1$ のときは判定できない．前に挙げた $\sum (1/n)$ と $\sum (1/n^2)$ はともに $\lambda = 1$ だが，一方は収束せず他方は収束する．

『教程』にあるコーシーの議論も実質的に上記とほぼ同じである．ただ「集積値」に相当する概念を一律に「極限値」とよんだために，下手に読むと混乱を生じる（だから正しく理解されなかった）．

このあたりの事情を説明するために，蛇足に近いかもしれないがもう一例を挙げる．無限級数

$$\sum_{k=1}^{\infty} a_k = \frac{1}{3} + \frac{1}{4} + \frac{1}{27} + \frac{1}{16} + \frac{1}{243} + \frac{1}{64} + \frac{1}{2187} + \frac{1}{256} + \cdots$$

を考える．すなわち

奇数番目　　$a_{2m-1} = 1/3^{2m-1}$, 　　偶数番目　　$a_{2m} = 1/2^{2m}$

という級数である．奇数番目，偶数番目の累乗根はそれぞれ

$$\sqrt[2m-1]{\frac{1}{3^{2m-1}}} = \frac{1}{3} \to \frac{1}{3}, \quad \sqrt[2m]{\frac{1}{2^{2m}}} = \frac{1}{2} \to \frac{1}{2}$$

に収束する．そのおのおのは 1/3, 1/2 を極限値とするが全体の優極限は 1/2 である．これは 1 より小さいから上記の級数は収束する．和の値は両方の等比級数の和を加えた $\frac{3}{8} + \frac{1}{3} = \frac{17}{24}$ である．

累乗根判定法はベキ級数の収束半径を定めるのに有用だが，これは次節で述べる．

前述の比による判定法の他，コーシーはしばしば凝集判定法を使っている．それは級数の項をうまくまとめて簡単な級数に還元する方法である．本節の最初に挙げた調和級数について，項を 1, 2, 4, 8, 16, …個ずつまとめ

$$1 + \frac{1}{2} + \left(\frac{1}{3} + \frac{1}{4}\right) + \left(\frac{1}{5} + \frac{1}{6} + \frac{1}{7} + \frac{1}{8}\right) + \left(\frac{1}{9} + \cdots + \frac{1}{16}\right) + \left(\frac{1}{17} + \cdots \right)$$
$$> 1 + \frac{1}{2} + \left(\frac{1}{4} + \frac{1}{4}\right) + \left(\frac{1}{8} + \frac{1}{8} + \frac{1}{8} + \frac{1}{8}\right) + \left(\frac{1}{16} + \cdots + \frac{1}{16}\right) + \cdots$$
$$= 1 + \frac{1}{2} + \frac{1}{2} + \frac{1}{2} + \frac{1}{2} + \cdots \to \infty \quad \text{(発散)}$$

として，部分和がいくらでも大きくなることを示すのがその一例である．

もう一つ余り知られていないが時として役に立つ対数判定法が『教程』にある．正項級数に対する次の定理である：

正項級数 $\sum_{k=1}^{\infty} a_k$ が $\lim_{k\to\infty} \frac{\log(a_k)}{\log(1/k)} > \alpha > 1$ を満たす α をもてば収束する（対数は自然対数を表す）．

証明は上記の累乗根判定法と同様に $\alpha > \beta > 1$ である定数 β をとって始める．そうするとある番号 k_0 から先の k については

$$\log(a_k)/\log(1/k) > \beta \quad \text{すなわち} \quad \beta(\log k) < \log(1/a_k)$$

である（$\log(1/k) = -\log k < 0$ などに注意）．これは $k^\beta < 1/a_k$ すなわち $a_k < 1/k^\beta$ を意味する．$\beta > 1$ なら $\sum_{k=1}^{\infty} 1/k^\beta$ は収束し，これが優級数だから元の級数も収束する．□

$\sum_{k=1}^{\infty} 1/k^\beta$ が収束することは，定積分 $\int_1^\infty \frac{1}{k^\beta} dx = \frac{1}{\beta - 1}$ $(\beta > 1)$ と比較するのが簡単だが，直接に凝集判定法によって

$$1 + \left(\frac{1}{2^\beta} + \frac{1}{3^\beta}\right) + \left(\frac{1}{4^\beta} + \cdots + \frac{1}{7^\beta}\right) + \cdots < 1 + \frac{2}{2^\beta} + \frac{1}{4^\beta} + \cdots$$
$$= 1 + \frac{1}{2^{\beta-1}} + \frac{1}{2^{2\beta-2}} + \frac{1}{2^{3\beta-3}} + \cdots = 1 \Big/ \left(1 - \frac{1}{2^{\beta-1}}\right) \quad (\beta > 1)$$

と比較しても示すことができる．

応用の一例として $\sum_{k=1}^{\infty} \frac{\log k}{k^\alpha}$ $(\alpha > 1)$ を考える．対数判定法で

$$\frac{\log[(\log k)/k^\alpha]}{\log(1/k)} = \frac{\log(\log k) - \alpha \log k}{-\log k} = \alpha - \frac{\log(t)}{t} \to \alpha > 1$$

（$t = \log k$ と置換）だから，この級数は収束する．

もちろんこのような判定法だけでは判定できない級数も多い．今日の少し詳しい解析学の教科書を見れば，ガウスの判定法，ラーベの判定法などさらに多数の判定法が載っている．それらはいずれもそれまでの判定法ではうまくゆかなかった級数に対して考えられたものである．例えばガウスの判定法は，超幾何級数の収束円周上（次節参照）での収束を細かく調べる必要があり，その検討のために考案されたものである．

これらの結果を使ってコーシーは級数に関する色々な性質を証明している．その一つに 2 個の級数の「コーシー積」がある．これはベキ級数で表される 2 個の関数の積に応用がある．便宜上番号を 0 番から始める．

2 個の級数 $\sum_{k=0}^{\infty} a_k$ と $\sum_{l=0}^{\infty} b_l$ がともに絶対収束して和がそれぞ

れ s, t とする．このとき次のような新しい級数を作る：

$$c_0 = a_0 b_0, \quad c_1 = a_1 b_0 + a_0 b_1, \quad \cdots, \quad c_n = \sum_{k=0}^{n} a_{n-k} b_k, \quad \cdots$$

このとき級数 $\sum_{k=0}^{\infty} c_n$（前二者のコーシー積とよばれる）は絶対収束して，その和はもとの級数の和の積 st に等しい．その証明は絶対収束級数は加える順序を変えても和が不変という結果を二重級数の場合に修正してできる．□

コーシーは両級数がともに絶対収束する場合しか扱わなかったが，後にメルテンスはどちらか一方が絶対収束すれば，コーシー積は収束してその和が st に等しいことを示した．両方とも絶対収束でない場合にはコーシー積が収束するとは限らないが，もしも収束すればその和は st に等しいことが保証される（収束して和が別の値になるということはないが，収束しなければ意味がない）．

これらの結果はそれ自体でも重要だが，ベキ級数を初め色々な関数項級数の基礎になる．

なお収束しない級数に対して，和が∞になる「定発散」と，部分和の列が収束しない（その集積値が複数ある）「振動」の場合を区分して色々と細かい議論がある．極限値の理解のためには必要だが実用上ではそれほど気にしないでよいと思う．

4.3 ベキ級数

$$c_0 + c_1(x-a) + c_2(x-a)^2 + \cdots = \sum_{k=0}^{\infty} c_k(x-a)^k \qquad (4)$$

の形の級数をベキ級数という．a を中心あるいは展開中心，$\{c_k\}$ を係数列，各 $c_k(x-a)^k$ を項とよぶ．単独のベキ級数の性質を

調べるためには，座標を移動して $a = 0$ として一般性を失わないので以後そうする．

ベキ級数は（形式的な扱いだが）関数のテイラー展開（あるいはマクローリン展開）として，微分積分学の誕生直後から使われていた．その「一般論」が作られるのはやはりコーシー以後である．しかしその一般論と関数のテイラー展開とは，一応切り離して論じたほうがかえってわかりやすいと思うので，現在の教科書風に（歴史の順序は無視して）論じる．なおこの種の一般論では係数や変数を実数に限定しても特別に簡素化される部分は少ないので，最初から複素数と考えて扱う（『教程』では実係数で論じた後に改めて複素数で論じ直したので大変に長くなった）．

まずその収束が問題になる．しかしそれは前節の理論で大半が済んでいる．ベキ級数 $\sum_{k=0}^{\infty} c_k x^k$ が $x = \alpha \neq 0$ である点で収束すれば，$c_k \alpha^k \to 0 \ (h \to \infty)$ から $|c_k \alpha^k|$ は有界：$|c_k \alpha^k| < M$ である．すなわち $|c_k| < M/|\alpha|^k$ (M はある正の定数) である．したがって $|x| < \alpha$ である x については $\sum_{k=0}^{\infty} |c_k x^k|$ は収束する優級数 $\sum_{k=0}^{\infty} M|x/\alpha^k|$ (公比が 1 未満の無限等比級数) をもつから絶対収束する．実はこのときの条件は項 $|c_k \alpha^k|$ が有界というだけで十分である．

したがって $\sum c_k x^k$ について，それが絶対収束する $|x|$ の上限 ρ がある．$|x| < \rho$ ならば絶対収束し，$|x| > \rho$ なら絶対収束しない（発散する）．ちょうど $|x| = \rho$ である x については一般的に何もいえないし，またそれは別の課題である．この限界 ρ をベキ級数の収束半径といい，収束する複素数の範囲 $|x| < \rho$ を収束円とよぶ．

極端な場合 $x \neq 0$ ならけっして収束しない場合もある．例：

$\sum_{k=0}^{\infty}(k!)x^k$. そのとき $\rho = 0$ とする. 他方すべての x に対して絶対収束する場合がある. 例: $\sum_{k=0}^{\infty}\dfrac{x^k}{k!}$. このとき $\rho = +\infty$ とする. 0, $+\infty$ も許せば, ベキ級数の収束性は, ただ1個の収束半径 ρ によって規定される.

ではその ρ は係数列からどう定まるか. 隣りどうしの項の比 $\dfrac{|c_k|}{|c_{k+1}|}$ の極限値 ρ が存在すれば (0, $+\infty$ のときも込めて) その極限値が収束半径 ρ である. また $\limsup_{h\to\infty}\sqrt[k]{|c_k|} = 1/\rho$ である. 但しこのとき $0 = 1/(+\infty)$, $+\infty = 1/0$ と解釈する. これはコーシー・アダマールの公式とよばれる.

その証明は前節で解説した累乗根判定法からほぼ明らかである. ここで

$$\limsup_{h\to\infty}\sqrt[k]{|c_k x^k|} = \alpha \quad (x \text{ を固定})$$

とおく. $\limsup_{h\to\infty}\sqrt[k]{|c_k|} = 1/\rho$ とおくとき, $|x| < \rho$ ならば $\alpha = |x|/\rho < 1$ だから収束し, $|x| > \rho$ ならば $\alpha = |x|/\rho > 1$ だから発散する. $\rho = 0$ や $+\infty$ のときに若干の修正がいるが, それらは容易である. □

多くの学生はこの名からアダマールをコーシーの弟子のように錯覚しがちである. しかしアダマールが生まれたのはコーシーの死後7年であって, まったく別の時代の人物である. この名は前述のようにコーシーが『教程』に述べていたのに, その真意 (優極限の概念) が理解されずに忘れられ, 最初から70年後のアダマールの学位論文 (1891) において再発見されたことによる.

余談ながらアダマールは百才近くまで生きた (1864 - 1963) 大長老であり, 多方面に多くの成果をあげた大数学者だが, 米

国の本では矮小化されて素数定理の証明（1896）だけしかとり上げられていない場合が多い．これは彼が左翼の活動家であり，特に1950年の国際数学者会議（ハーバード大学中心）の折に米国入国を拒否された（最終的には監視つきで会議中会場付近のみ行動許可）という政治的事情がからんでいるらしい．国によって学者の業績評価の軽重に差が現れるのはやむを得ないが，筆者にとっていささか気にかかる事情の一つである．

ベキ級数の積はコーシー積で扱うことができる．次の課題はベキ級数 $\sum_{h=0}^{\infty} c_k x^k$ が収束するとき，それの表す関数 $f(x)$ はどういう関数か？ 後述のように収束円内の閉円板 $\{|x| \leq \alpha\}$ $(\alpha < \rho)$ で一様収束するので連続関数である．さらに微分可能関数であって，導関数 $f'(x)$ は

$$f'(x) = \sum_{k=1}^{\infty} k a_k x^{k-1} \tag{2}$$

と項別微分したベキ級数で表される．このことはほぼ自明のように考えられていたが，これを始めて厳密に証明したのはやはりコーシーである．

ベキ級数が正の収束半径をもてば，その中心 $x = a$ において微分可能であり，そこでの微分係数は $(x - a)$ の係数 c_1 である．これはほぼ自明であり，だからこそラグランジュなどがベキ級数を基礎にとろうと考えた次第である．そして絶対収束する級数の和は順序を変えても不変という性質を確立しておけば，次のような展開し直し定理を示すことができる：

ベキ級数（1）に対して収束半径 $\rho > 0$ とし，その表す関数を $f(x)$ とする．収束円内の一点 b $(|a - b| < \rho)$ において，

$$b_k = \frac{1}{k!} \sum_{m=k}^{\infty} c_m \frac{m!}{(m-k)!} (b-a)^{m-k} \quad \text{（これも絶対収束する）}$$

とおくと，$f(x)$ は中心 b のまわりでベキ級数

$$\sum_{k=0}^{\infty} b_k(x-b)^k \tag{3}$$

と表される．その収束半径は $\rho - |a-b|$ 以上である（それに等しいことが多いが，それより大きくなることもある）．特に $f(x)$ は $x = b$ で微分可能であり，そこでの微分係数 $f'(b)$ は

$$b_1 \sum_{m=1}^{\infty} m G_m (b-a)^{m-k}$$

に等しい．これはもとのベキ級数を項別微分したベキ級数の $x = b$ での値に等しい．□

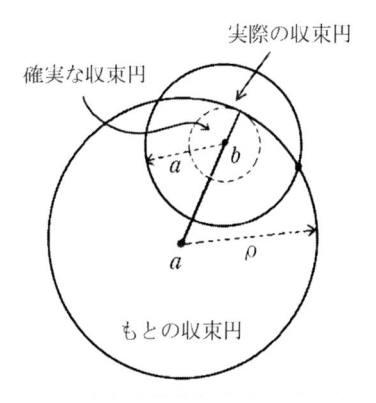

図 4.1　展開し直し

この定理そのものは累乗を二項定理で展開し，「問題項」をまとめるように和の順序を変更すればほぼ機械的に証明できる．展開し直し定理はワイエルストラスが「解析接続」に愛用した手法である．もしも (3) の収束半径 σ が $\rho - |a-b|$ よりも真に大きければその収束円 $\{|x-b| < \sigma\}$ は最初のベキ級数

の収束円 $\{|x-a|<\rho\}$ の外にはみ出すから，収束円の外側（の一部）に解析接続できたことになる．

項別微分可能性についてコーシー自身は『教程』でもっと「素朴」な直接の証明をしている．以下 $a=0$ とする．まず項別微分したベキ級数 (2) の収束半径がもとのと同じ ρ であることを示す．これはコーシー・アダマールの公式からも出るし，直接に (2) が $|x|<\rho$ で絶対収束，$|x|>\rho$ で発散することを示してもよい．$0<\alpha<1$ のとき $\lim_{n\to\infty} n\alpha^n = 0$ に注意する（隣り合う項の比を調べればよい）．

次に $\sum_{k=1}^{\infty} kx^{k-1} = \dfrac{1}{(1-x)^2}$ （収束半径 1）に注意する．これは直接に

$$\sum_{k=1}^{n} kx^{k-1} = \frac{1-(n+1)x^n + nx^{n+1}}{(1-x)^2}$$

を計算し，$n\to\infty$ とした極限をとることによって証明できる．その応用として

a,b が正の数で $a+b<1$ ならば

$$\sum_{k=1}^{\infty}[(a+b)^n - a^n - na^{n-1}b] = \frac{b^2}{(1-a-b)(1-a)^2} \qquad (4)$$

（和は 2 からでよい）

という等式が計算できる．

以上の準備の下で，もとのベキ級数と (2) の表す関数をそれぞれ $f(x), g(x)$ とおく．

$$\frac{f(x+h)-f(x)}{h} - g(x) = \sum_{k=1}^{\infty} c_k\left[\frac{(x+h)^k - x^k}{h} - kx^{k-1}\right] \qquad (5)$$

だが，二項定理 $(a+b)^n = \sum_{\gamma=0}^{n} C(n,\gamma)a^{n-\gamma}b^{\gamma}$ を利用する．ここで記述の便宜上（コーシーの記法とも違うが）**二項係数** ${}_n\mathbb{C}_{\gamma} =$

$\binom{n}{r} = \frac{n!}{(c-\gamma)!\gamma!}$ を $C(n,\gamma)$ と記した．すると (5) の〔　〕内は $\sum_{\gamma=l}^{k} C(k,\gamma) x^{k-\gamma} h^{\gamma-1}$ と表される（$k=1$ のときは 0 と解釈する）．
これにより (5) の絶対値は

$$\left|\frac{f(x+h)-f(h)}{h} - g(x)\right| \leq \sum_{k=1}^{\infty} |c_k| \left[\sum_{\gamma=2}^{k} C(k,\gamma) |x|^{h-\gamma} |h|^{\gamma-1}\right] \quad (6)$$

である．しかし収束半径が ρ だから $|x|, |x+h| < \alpha < \rho$ であ α をとると $|c_k \alpha^k|$ は有界，したがって $|c_k| < M/\alpha^k$ である．これから (6) 式の右辺は，[　] 内を二項定理でもとに戻すと，公式 (4) により

$$(6) < M\left[\left(\frac{|x|+|h|}{\alpha}\right)^k - \left(\frac{|x|}{\alpha}\right)^k\right] - h\left(\frac{|x|}{\alpha}\right)^{k-1}\frac{|h|}{\alpha}\frac{1}{|h|}$$
$$= \frac{|h|M\alpha}{(\alpha-|x|-|h|)(\alpha-|x|)^2}$$

となる．ここで $h \to 0$ とすれば最後の項は 0 に近づく．これは (5) の左辺 $\to 0$，すなわち $f(x)$ が微分可能であって $f'(x) = g(x)$ であることを表す．□

このことがわかればベキ級数の表す関数 $f(x)$ は何回でも微分可能であり，n 階導関数は次のベキ級数で表される．

$$f^{(n)}(x) = \sum_{k=n}^{\infty} k(k-1)\cdots(k-n+1) c_k x^k = \sum_{k=n}^{\infty} \frac{k!}{(k-n)!} c_k x^k$$

そして係数 c_k は k 階導関数により

$$c_k = \frac{1}{k!} f^{(k)}(0) \quad (7)$$

と定まる．これから関数 $f(x)$ を表すベキ級数はただ一通りに定まる．

逆に項別積分でも可能である．ベキ級数 $\sum c_k x^k$ で表される関数 $f(x)$ の原始関数は

$$F(x) = C + \sum_{k=0}^{\infty} \frac{c_k}{k+1} x^{k+1} \quad (C \text{ は積分定数}, F(0) = C)$$

で与えられる．

以上はベキ級数を与えてその性質を考えた．ベキ級数で表される関数は極めて特殊な関数である．しかし前にも述べたように歴史はこの逆の順である．18 世紀には当然と考えられていたが，関数 $f(x)$ が何回でも微分できるとき (7) によって係数を定めてできるベキ級数 $\sum_{k=0}^{\infty} c_k x^k$ が収束するか，また収束するとしてその和が最初の $f(x)$ と一致するか，という問題が生じる (次節参照)．通例一般の点で

$$\sum_{k=0}^{\infty} \frac{f^{(k)}(a)}{k!} (x-a)^k$$

と作ったベキ級数を $f(x)$ のテイラー展開といい，$a = 0$ で $\sum_{k=1}^{\infty} \frac{f^{(k)}(0)}{k!} x^k$ のときマクローリン展開とよぶ．しかしこれは歴史的な名である．後者は $a = 0$ である特別な場合にすぎないから，以下一括して「テイラー展開」とよんでよいだろう．テイラー (1685-1731) は 18 世紀初頭の英国学士院書記だが比較的若死した．マクローリン (1698-1746) はスコットランドの数学者で，少し後（1740 頃）にこれを独立に発見して研究している．

4.4 テイラー展開

前節の末尾で述べた次の課題を改めて考える．関数 $f(x)$ が何回でも微分できるとしたとき，それからベキ級数 $\sum_{k=0}^{\infty} \dfrac{f^{(k)}(0)}{k!} x^k$ を作る：

1° それが正の収束半径 ρ をもつか？
2° $|x| < \rho$ においてその和がもとの $f(x)$ に等しいか？

そのようになる関数 $f(x)$ を今日では解析関数とよぶ．

この両性質とも 18 世紀までは自明と考えられていた．じっさい我々が普通に使う関数はすべてこの性質を満たしている．

しかし 19 世紀になって研究が進むにつれて，単に何回でも微分可能 (今日の用語で C^∞ 級関数) な実変数関数というだけでは，上記の 1° も 2° も成立しないことがわかった (後述)．解析関数は有用だが極めて特別な関数だった．

他方複素変数の関数として微分可能とすると，実は解析関数になることが証明できる (5.4 節)．これは複素関数論の重要な結果であるが次章で述べる．

今日テイラー展開は微分法の応用として論ぜられ，その剰余項の形が色々与えられている．コーシーも後の『微分学講義』ではそのように扱っているが，『要論』では積分法の応用として (第 35-37 講) 論じている．理論的には剰余項を積分で表現するほうがかえって扱いやすい．「ビブンのことはビブンでせよ」というセクショナリズム（？）には問題があるらしい．

コーシー自身は高階原始関数（積分演算を反復してえられる関数）を「たたみこみ積」の形で表して使用している．それを少し修正すれば，「非整数階の積分」になる (現在の教科書で無視されているのがかえって奇異に感じる)．しかしここではそれほど一般化せず，通例の部分積分法を反復するという考え方で進む．

何回でも微分可能な関数 $f(x)$ に対して，その導関数が積分可能なら（連続なら十分）

$$f(x) - \sum_{k=0}^{n} \frac{f^{(k)}(a)}{k!}(x-a)^k = R_n,$$

$$R_n = \frac{1}{n!}\int_a^x (x-t)^n f^{(n+1)}(t)dt \tag{1}$$

と表すことができる．その証明は天降り的だが(1)のようにおいた積分に部分積分法を施す．

R_n の式の右辺

$$= \frac{1}{n!}(x-t)^n f^{(n)}(t)\Big|_{t=a}^{x} + \frac{n}{n!}\int_a^x (x-t)^{n-1} f^{(n)}(t)dt$$

$$= \frac{-1}{n!}(x-a)^n f^{(n)}(a) + \frac{1}{(n-1)!}\int_a^x (x-t)^{n-1} f^{(n)}(t)dt.$$

これをくりかえせば，同じ式は

$$= -\frac{f^{(n)}(a)}{n!}(x-a)^n - \frac{f^{(n-1)}(a)}{(n-1)!}(x-a)^{n-1} - \cdots - f'(a)(x-a) + \int_a^x f'(t)dt$$

となる．最後の項は微分積分学の基本定理により $f(x) - f(a)$ に等しい．これをまとめれば（1）の前の式になる．□

これがむしろ「一般的な剰余項」である．ここで積分に関する（第1）平均値定理を使えば代表値 $\xi = a + \theta(x-a)$ $(0 \leq \theta \leq 1)$ に対して

$$R_n = \frac{1}{(n+1)!}(x-a)^{n+1} f^{(n+1)}(\xi) \tag{2}$$

と書くことができる．これは既にコーシー以前から知られていたラグランジュの剰余項そのものである．

特定の関数 $f(x)$ に対してベキ級数（1）が収束してその和がもとの $f(x)$ に等しいことを示すには，$n \to \infty$ としたときに剰余項 R_n が 0 に近づくことを示せばよい．例えば $f(x) = e^x$（指

数関数）では $f^{(k)}(x) = e^x$ であって，$a = 0$ でのテイラー展開は，ラグランジュの剰余項により

$$e^x = \sum_{k=0}^n \frac{1}{k!}x^k + R_n, \quad R_n = \frac{x^{n+1}}{(n+1)!}f^{(n+1)}(\xi) \tag{3}$$

である．ξ は 0 と x の間にあり e^x（$x < 0$ なら 1）でおさえられる．$n \to \infty$ とすれば $x^{n+1}/(n+1)!$ は 0 に近づくから，この $R_n \to 0$ であり，ベキ級数

$$e^x = \sum_{k=0}^\infty \frac{1}{k!}x^k$$

（右辺が収束して左辺に等しい）が証明された．同様に

$$\cos x = \sum_{k=0}^\infty \frac{(-1)^k}{(2k)!}x^{2k}, \quad \sin x = \sum_{k=0}^\infty \frac{(-1)^k}{(2k+1)!}x^{2k+1}$$

を証明することができる．□

しかし関数によっては（ベキ級数展開は正しいのだが）ラグランジュの剰余項では評価が粗すぎてうまく証明できない場合がある．$(1 + x)^\gamma$（$\gamma \neq$ 整数）の二項展開がその一例である．その昔ある新米の教員（後に大学者になった人物）が十分に予習をせずにテイラー展開を講義し，$(1+x)^\gamma$ の二項展開にラグランジュの剰余項を適用したところ立ち往生して恥をかいたという逸話が伝えられている．

そのためにコーシーの剰余項といった他の剰余項の表現が使われるのだが，積分表示を活用すれば問題はない．$(1 + x)^\gamma$ について $a = 0$，$0 < x < 1$ として適用すると

$$R_n = \frac{1}{n!}\int_0^x (x-t)^n \gamma(\gamma-1)\cdots(\gamma-n)(1+t)^{\gamma-n-1}dt$$

$$= \frac{\gamma(\gamma-1)\cdots(\gamma-n+1)(\gamma-n)}{n!}\int_0^x \frac{(x-t)^n}{1+t}(1+t)^{\gamma-1}dt,$$

$$|R_n| < \gamma|1-\gamma|\left|1-\frac{\gamma}{2}\right|\cdots\left|1-\frac{\gamma}{n}\right|\int_0^x \left|\frac{x-t}{1+t}\right|^n(1+t)^{\gamma-1}dt$$

だが，$\left|\dfrac{x-t}{1+t}\right|^n < |x|^n$ であり，積分は

$$\int_0^x |x|^n (1+t)^{\gamma-1} dt = x^n \frac{(1+x)^\gamma - 1}{\gamma}$$

以下である．すなわち $|R_n| < |1-\gamma|\cdots|1-\frac{\gamma}{n}|x^n[(1+x)^\gamma - 1]/\gamma$ と評価される．最初の係数はある項から先は 1 以下で，全体の積は一定値をこえない．末尾の項も有界だから $|R_n| < Kx^n$ （K は n によらない定数）となり，$n \to \infty$ のとき $|R_n| \to 0$ である．$-1 < x < 0$ についても同様である．□

$$\log(1+x) = x - \frac{x^2}{2} + \frac{x^3}{3} \cdots = \sum_{k=1}^\infty \frac{(-1)^{k-1}}{k} x^k \quad \text{（自然対数）}$$

も同様にできる．これらはすべて解析関数である．但し γ が整数でないときの $(1+x)^\gamma$ や $\log(1+x)$ のベキ級数の収束半径は 1 である．

この場合 x^γ や $\log x$ のままでなく，$(1+x)^\gamma$, $\log(1+x)$ の形にしたのは，x^γ や $\log x$ の $x = 0$ は特異点であり，そこでのテイラー展開は意味がない（例えば係数が ∞ になる）からである．

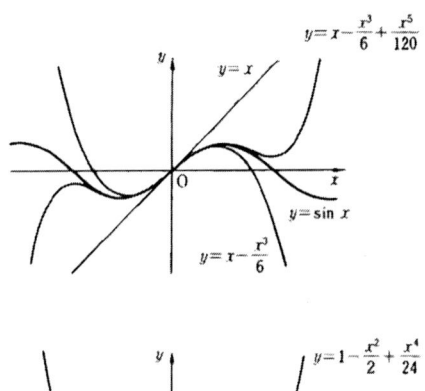

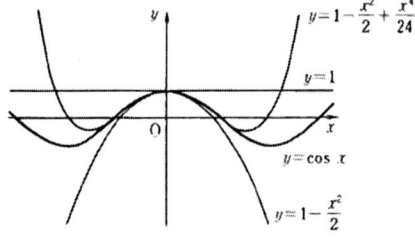

図 **4.2** $\sin x$ と $\cos x$ のテイラー展開のはじめの方の多項式

　コーシーの時代には思いもよらなかった話だが，近年コンピュータによるグラフィックスでテイラー展開の有限項の和のグラフを描いてみると，収束半径のイメージがよくわかる．e^x, $\cos x$, $\sin x$ など収束半径が∞の場合には，項数を増すと，次第に広い範囲で部分和の多項式のグラフがもとの関数のグラフと重なるように見える（図4.2が一例）．しかし収束半径1のテイラー展開では，いくら項数を増しても，収束半径 (1) に近い点で急激にもとの関数と離れるのが見てとれる．この種のイメージだけで先へ進むのは危険だが，一度体験しておくことをお勧めする．

　最後に冒頭の疑問 1°, 2° に答える．このうち 2° については既にコーシー自身が示した（1822）$f(x) = e^{-1/x^2}$ ($f(0) = 0$ とおく）がある．これは C^∞ 級で，$f^{(n)}(0) = 0$ ($n = 0, 1, 2, \cdots$)

であり，その形式的テイラー展開の和は 0 になって，もとの関数とは等しくない．□

1° はずっと難しい．具体的な実例が作られたのはかなり近年のようである．ただし任意に数列 $\{b_n\}, n = 0, 1, 2, \cdots$ を与えたとき，全実数の範囲で C^∞ 級で $f^{(n)} = b_n$ $(n = 0, 1, 2, \cdots)$ を満たす関数 $f(x)$ が存在する（構成できる）ことが示される．したがって b_n を非常に早く大きくなる数列 (例えば $b_n = (n!)^2$) にとればそれから作られる形式的テイラー展開の収束半径は 0 である．

またいたる所 C^∞ 級でいたる所解析的でない関数の具体例も知られている．コンピュータで描いたそのグラフ自体は一見滑らかだが，f', f'', $\cdots$ のグラフを描くと次第に激しく振動して何かおかしい（？）と感じる．そういった「病的」な関数にこだわりすぎるのはよくないが，現在ではコンピュータグラフィックスによってそのような図も比較的容易に描くことができるので，一度眺めておくことは有益と思う．

4.5　関数項級数の収束

これまでは関数項の級数といっても特定の点 x での収束しか考えなかったが，ここで関数項の級数に関する重要な論点を扱う．これは人によってはコーシーの生涯で「最大の失敗」とまでいう課題である．

『要論』では要点しか述べていない（必要な場合には『教程』を引用する）ので余り気にならないが，『教程』第 6 章 §1 に次の定理と証明がさりげなく書かれている．

定理　級数の各項が変数 x の関数であり，それが収束する x の値に対して連続であるならば，その級数の和もまた x の同じ値について連続である．

証明 $u_1, u_2, \cdots, u_n, \cdots$ がある範囲内で連続であるとき

$$s = s_n + r_n, \quad s_n = u_1 + u_2 + \cdots + u_n \tag{1}$$

とおけば，s_n は同じ範囲で連続である．この範囲内の x のどれを考えてもこの級数は収束するから，n を十分大な値とすると，剰余 r_n の絶対値は極めて小さくなる．また x の値が無限小 a だけ増すと，s_n は無限小しか変化しない．したがって s の値の変化も無限小であり，s は連続である． □

これを ε-δ を使って正確に書くと次のようになる．

有限和 s_n は連続であり，$\varepsilon > 0$ に対して $|h| < \delta$ ならば $|s_n(x+h) - s_n(x)| < \varepsilon$ となる δ をとることができる．また n_0 を十分大にとれば，$n \geqq n_0$ のとき $|r_n| = |s - s_n| < \varepsilon$ とできる．

しかしこの限界 n_0 は値 x に依存するかもしれない．当面の点 x で n_0 をきめても，$x+h$ において同じ n_0 でよいかどうかは保証されない．言葉で記述したためにあいまいであるが，正確にいうと x を含むある範囲 $a < x < b$ 内のすべての x について，$n \geqq n_0$ ならば $|r_n(x)| < \varepsilon$ であるような同じ番号 n_0 がとれる，とする必要がある．そうならば同じ n_0 で，$n \geqq n_0$ のとき $|r_n(x)| < \varepsilon$, $|r_n(x+h)| < \varepsilon$ （$a < x+h < b$ として）　となるから

$$s(x+h) - s(x) = |[s(x+h) - s_n(x+h)] + [s_n(x+h) - s_n(x)]$$
$$+ [s_n(x) - s(x)]|$$
$$|s(x+h) - s(x)| \leqq |r_n(x+h)| + |s_n(x+h) - s_n(x)| + |r_n(x)|$$
$$\leqq \varepsilon + \varepsilon + \varepsilon = 3\varepsilon$$

となって正しく証明できる． □

今日では各点 x において $\sum_{n=1}^{\infty} u_n(x)$ がそれぞれ $s(x)$ に収束するとき点別収束といい，ある範囲 $a < x < b$ のすべての x について上記のような同じ番号をとることができるとき，すなわ

ち $|r_n(x)|$ の $a < x < b$ での最大値が 0 に収束するとき,一様収束といって区別する.前者は各点ごとの局所的な性質であり,後者はある範囲にまたがる大域的な性質である.

このような分析が自然に行われたわけではない.コーシーの上述の定理と証明がしばらくそのまま通用していたが,これに疑問を感じたのはアーベル(1824)である.彼はこの定理に「例外」があると注意した.「例外」とは婉曲な表現で立派な「反例」である.それはフーリエが熱伝導論(1822)で扱った一つのフーリエ級数である.

フーリエがある種の不連続関数もフーリエ級数(三角関数による級数)で表されることを証明したのは,当時の数学界においてかなり衝撃的な成果だった.その一例として次のフーリエ級数がある.

$$\frac{x}{2} = \sum_{k=4}^{\infty}(-1)^{k-1}\frac{\sin kx}{k}, \quad -\pi < x < \pi \tag{2}$$

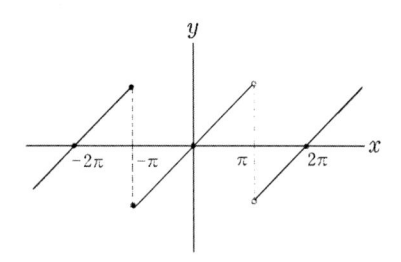

図 4.3 式 (2) の和

右辺は周期関数だから,この和は $\pi < x < 3\pi$ では $\dfrac{x - 2\pi}{2}$ となり,$-3\pi < x < -\pi$ では $\dfrac{x + 2\pi}{2}$ となる.$x = \pi$ での級数の和は 0 だが,π の左側から近づいた極限値は $\pi/2$,右側から近づいた極限値は $-\pi/2$ であって,極限の関数(和)はそこで不連続になる.

今日ではコンピュータによって上記の級数の数百項以上の部分和のグラフを描くことは容易である．部分和はもちろん連続関数だが，$x = \pi$ の付近で $\pi/2$ より少し大きい値から，$-\pi/2$ より少し小さい値に急激に変化する．極限関数（和）は不連続になる．さらに余談ながら部分和の絶対値の最大は $\pi/2$ に近づかず，それよりも少し大きい値になる．これはギップスの現象とよばれ，理論的に正しく証明されている．

上述の級数の和が $-\pi < x < \pi$ において $x/2$ に等しいことは，フーリエ級数の理論を知らなくても複素数を活用すると直接に下記のように証明できる．この級数は点別収束するけれども $x = \pi$ の付近では一様収束しない．そのために極限の関数が連続にならない．少し技道になるが式（2）の証明とフーリエ級数に一言する．

次章で解説するように複素数は平面で表され，$e^{i\theta} = \cos\theta + i\sin\theta$ ($i = \sqrt{-1}$) である．$\sum_{k=1}^{\infty} \frac{(-1)^{k-1} x^k}{k} = \log(1+x)$（右辺のテイラー展開）であり，$x$ を複素数にしても正しい．複素変数の log は無限多価関数なのだが，この収束円 $|x| < 1$ において

$$= \log|1+x| + i\arg(1+x) \tag{3}$$

（虚数部の偏角をラジアン単位で $-\pi/2$ と $\pi/2$ の間にとる）という一価関数として表される．

この級数は収束円周上 $|x| = 1$ でも，$x = -1$ 以外では条件収束して（3）で表される．

$$x = e^{i\theta} = \cos\theta + i\sin\theta \ (|x| = 1), \quad -\pi < \theta < \pi \ (x \neq -1)$$

とするとその虚数部は

$$\sum_{k=1}^{n} \frac{(-1)^{k-1} \sin k\theta}{k} = \arg(1 + e^{i\theta})$$

だが，これは（図4.4）円周角と中心角の関係により $\theta/2$ に等しい（式で計算してもそうなる）．これは式 (2) にほかならない．□

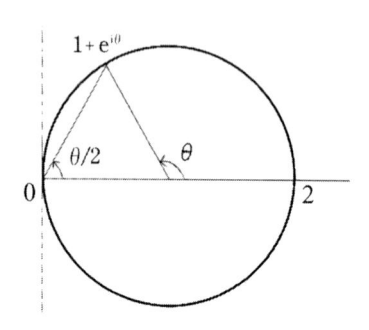

図 4.4　(2) の証明用

この考え方でも $\theta = \pm\pi$ が不連続点になることが納得できる．

ところでフーリエ級数をまとめたのはフーリエの熱伝導論（1822）だが，その考えは 18 世紀からあった．そしてそれは「一般の関数とは何か」という深い議論の種になった．そもそもの起りは弦の振動に関する次の偏微分方程式に端を発する．

$$\frac{\partial^2 u}{\partial t^2} - c^2 \frac{\partial^2 u}{\partial x^2} = 0 \quad (c \text{ は正の定数}) \tag{4}$$

ここに u は弦の変位で時間 t と位置 x の 2 変数関数である．この問題はダランベール（1747）に端を発する．彼は f, g を「任意の」関数として

$$u(t, x) = f(x - ct) + g(x + ct)$$

という「一般解」を示した．弦が $0 \leq x \leq l$ の間に張られていて両端固定，そして $t = 0$ のときに静止しているとすれば，次の初期条件・境界条件が加わる．

$$u(t, 0) = 0, \quad u(t, l) = 0, \quad \partial u(0, x)/\partial t = 0$$

このとき (4) の「一般解」は，周期 $2l$ をもつ奇関数（微分可能と仮定）$\varphi(x)$ により

$$u(t,x) = \varphi(x-ct) + \varphi(x+ct), \quad [0,l] \text{ で} \quad \varphi(x) = u(0,x)/2 \quad (5)$$

である．ここで「ものいい」がついた．$0 \leqq x \leqq l$ での $\varphi(x)$ は初期値 ($t=0$) での弦の形で定まる．しかしその関数について $\varphi(x+2l) = \varphi(x)$（周期性），かつ $\varphi(-x) = -\varphi(x)$（奇関数）というのは不審だというのである．

今日の我々なら，最初の $\varphi(x) = u(0,x)/2$ は区間 $0 \leqq x \leqq l$ の中だけで定義されているのだから，それ以外の x に対しては周期性と奇関数性とを活用して $\varphi(x)$ の値を正しくすべての x について一通りに拡張して定義するのだ，と理解して説明するだろう．このように定義された $\varphi(x)$ は連続であり，つなぎ目の 0, $\pm l$, $\pm 2l$, $\cdots$ 以外では微分可能である．しかし「関数＝一つの式」が暗黙の前提だった 18 世紀の数学者には，部分的な関数をつないでのばして全実数に定義域を拡げるといった考え方そのものに，想像以上の抵抗があったのだろう．

他方同じ頃ダニエル・ベルヌイは (4) に別の解を与えた．(4) は線型方程式（u について 1 次式）だから，特殊解を足し合せて「一般解」を求めようという考えである．奇関数で周期 $2l$ をもつ典型的な関数は $\sin(n\pi x/l)$（n は正の整数）だから，これを $\varphi(x)$ に採用すれば，特殊解

$$\sin[n\pi(x-ct)/l] + \sin[n\pi(x+ct)/l] = 2\sin(n\pi x/l)\cos(n\pi ct/l)$$

を得る．これは振動数 $nc/2l$ の定常波であり，$n=1$ が基音（両端固定）$n \geqq 2$ が中間に $(n-1)$ 個の節のある倍音である（彼自身こうした物理学のイメージを活用している）．これらを合成して

$$u(t,x) = \sum_{n=1}^{\infty} a_n \sin(n\pi x/l)\cos(n\pi ct/l) \quad (6)$$

という解が考えられる（定数 2 は係数中にくりこんだ）．ベルヌイは (6) を (3) の「一般解」だと言明した．しかしそうすると「任意」の関数 $u(0, x) = 2\varphi(x)$ が

$$\sum_{n=1}^{\infty} a_n \sin(n\pi x/l)$$

と表されなければならない．三角関数という極めて特殊な関数で「任意の」関数が表されるのか？実際に多くの具体例が知られたが，それでも大多数の学者が懐疑的だったのはもっともである．

そのような背景の下にフーリエの著書『熱伝導論』(1822) が現れた．彼は前述の (2) だけでなく，

$-\pi < x < 0$ のとき $f(x) = -1$,

$0 < x < \pi$ のとき $f(x) = +1$ （図 4.5）

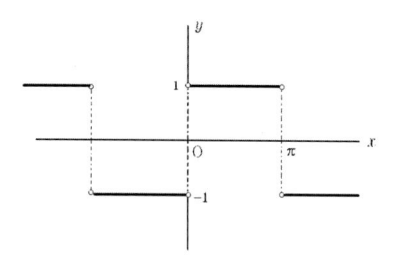

図 **4.5** 式 **(7)** の和

という不連続関数が，三角関数の級数

$$\frac{4}{\pi} \sum_{k=1}^{\infty} \frac{1}{2k+1} \sin(2k+1)x = \frac{4}{\pi}\left[\sin x + \frac{1}{3}\sin 3x + \frac{1}{5}\sin 5x + \cdots\right] \quad (7)$$

に表されることを示して当時の数学界に大きなショックを与えた（これも前述の (2) と同様に証明できる）．

これらは「関数」の概念の反省をうながすきっかけになった．この種の例から「連続関数を項とする級数の和が必ずしも連続関数と限らない場合がある」ことも，一部の人々にはわかっていたはずである．

念のために述べておくが，フーリエの理論では (2) や (7) は正しいが数学的に完全でなく，それらに一応の合理化を与えたのはディリクレ (1830 年代) である．またアーベルの反例も直ちに「一様収束」の考え方を確立したわけではない．ただその辺の区別が大事だということが次第に認識されて理論が整備された．最終的に一様収束という概念を明示したのは，半世紀ほど後のワイエルストラス (1870 年頃) である．コーシー自体からは離れるがそのあたりをもう少し解説しよう．

一様収束することの判定条件としてはワイエルストラスの優級数法が有用である．$\sum_{k=1}^{\infty} u_k(x)$ において所要の範囲で正の数 a_k による評価 $|u_k(x)| < a_k \ (k = 1, 2, \cdots)$ が成立し，$\sum_{k=1}^{\infty} a_k$ が収束する（収束する優級数をもつ）ならば $\sum u_k(x)$ は一様収束する．

その証明は容易である．与えられた正の数 ε に対して優級数の剰余項が $\sum_{k=n+1}^{\infty} a_k < \varepsilon$ となるような番号 n をとる．この n は x とは無関係である．そして所要の範囲の各点 x で一様に $\sum_{k=n+1}^{\infty} |u_k(x)| < \sum_{k=n+1}^{\infty} a_k < \varepsilon$ となるから，x に無関係に番号 n をとることができる．これは一様収束を意味する．□

一様収束する関数列については項別積分ができる．項 $u_k(x)$ が連続とすると有限和については

$$\int_a^b [u_1(x) + \cdots + u_n(x)]dx = \int_a^b u_1(x)dx + \cdots + \int_a^b u_n(x)dx$$

である．他方 $\sum |u_k(x)|$ が $a \leq x \leq b$ において一様収束するなら $\varepsilon > 0$ に対して x に無関係な番号 n をとって $\left|\sum_{k=n+1}^{\infty} u_k(x)\right| < \sum_{k=n+1}^{\infty} |u_k(x)| < \varepsilon$ とできるので

$$\left|\int_a^b \left(\sum_{k=n+1}^{\infty} u_k(x)\right)dx\right| \leq \int_a^b \sum_{k=n+1}^{\infty} |u_k(x)|dx < \varepsilon(b-a)$$

であり，剰余項の積分値はいくらでも小さくできるから，結論として

$$\sum_{k=n+1}^{\infty} u_k(x)dx = \sum_{k=n+1}^{\infty} \int_a^b u_k(x)dx$$

を得る．□

前章末でも略記したが，コーシーは『要論』の最後の部分で項別積分や，積分の中での偏微分と積分の順序交換定理をいくつか挙げている．収束を一様収束と読めばすべて正しいが，そうでなければ剰余項の積分可能性もわからない．そのあたりの説明は今日の目から見るといささか不十分である．

しかしコーシーは上記のような誤った（少なくとも不完全な）定理を使っても結果的に重大な誤りを犯さなかった．これは一つには幸運にも(？)彼が主にベキ級数だけを扱ったためである．ベキ級数はその収束円内の閉円板で一様収束する．このことは上述の優級数判定法から明らかである．ベキ級数 $\sum_{k=0}^{\infty} c_k(x-a)^k$ の収束半径を $\rho > 0$ とする．$0 < \alpha < \rho$ である定数 α をとり，$|x-a| \leq \alpha$ の範囲に限定すれば，もとのベキ級数は収束する優級数 $\sum_{k=0}^{\infty} |c_k|\alpha^k$ をもつから $|x-a| \leq \alpha$ において一様収束する．このようにその内部の任意の閉円板で一様収束する級数を広義の一様収束とよぶことがある．このとき $\varepsilon > 0$ と円板 $\{|x-a| \leq \alpha\}$ に対して共通の番号 n をとって，$|x-a| \leq \alpha$ な

らば一様に各 x について $\sum_{k=n+1}^{\infty}|c_k(x-a)^k|<\varepsilon$ とできるが,その n は α には依存する.しかしともかく α を定めれば $|x-a|\leqq\alpha$ の範囲では x によらない n をとることができるという状況である(これについては次節でさらに近年の解釈を論じる).

　念のために申し添えるが,極限関数が連続になる,あるいは項別積分ができるために,一様収束性は一つの十分条件であって,必要条件ではない.一様収束でなくても和が運よく(?)連続になることもあり得る(これについてはディニの研究がある).

　結果的には級数の「収束」をすべて「一様収束」と修正すれば,コーシーの不備はすべて救われる.そしてアーベルはコーシーの欠陥を指摘したのに留まり,完全な修正は半世紀近く後にもちこされた.しかしこれは学問が誤った結果とそれを修正しようとする努力によって発展した一例と見ることができる.またこうした概念を例として,局所的性質と大域的性質の区分が注目を引いてきたことも一種の「意識変革」であろう.

　以上でコーシーのこの方面の成果の解説は終りだが,最後に何故コーシーが点別収束と一様収束とを明確に区別しなかったにもかかわらず,少なくともベキ級数に関する限り大きな誤りを犯さなかったのかというさらなる事情を略説する.これは 20 世紀後半になって漸く解明された裏話であり,極度に専門的なので読み飛ばしてよい.興味ある読者のためこの機会に略説する.

4.6　点別位相と一様位相

　この節では位相空間に関する一通りの知識を仮定し，諸定義の詳しい説明はしない．それを詳しく述べると大いに逸脱して位相空間論の教科書になるからである．

　位相空間 X から Y への写像 f の集合 F があるとする．X を単なる集合と考えて作ったベキ集合 X^Y には自然に位相が入り，それを F に限定したものを点別位相という．この位相で $f_k \to g$ とは，X の各点 x において点列 $\{f_k(x)\}$ が $g(x)$ に（Y の位相で）収束することである．もちろんこれでは連続写像列の極限が連続とは限らない．さらに致命的なのは，この位相では自然写像 $T: F \times X \to Y$；$T(f, x) = f(x)$ が連続写像とは限らないことである．

　したがって F に「自然な」写像を導入して T が連続になるようにし，しかもそれがなるべく「弱い」位相としたい（強い位相とは多くの写像が自動的に連続になる場合である）．もちろんこの要求はまったくの無条件ではできない．しかし実用上に現れる比較的一般的な条件の下で可能である．

　X, Y がともにハウスドルフ（の分離公理を満たす）空間で，F の要素が X 上の任意のコンパクト集合 K 上で連続と仮定する（X が局所コンパクト空間ならば F の要素が連続というのと同値）．このとき X のコンパクト集合 K と Y の開集合 U の対に対して

$$W(K, U) = \{f \in F | f(K) \subset U\}$$

とおき，このような集合の有限個の共通分を基本近傍系として F に位相が入る．これをコンパクト開位相（略称 CO 位相）という．これが所要の最弱位相になる．しかも同じ条件化で F が CO 位相についてコンパクトならば，F において点別位相と CO 位相は一致する．

このことは次のようにして示される．一点はコンパクト集合であり，点別位相は K を一点に限定した場合とみなされるので点別位相は CO 位相より弱い．しかし F が CO 位相についてコンパクトならば，F に点別位相を導入した空間 F' へ，F からの恒等写像による像は閉集合になり，逆写像が F' の閉集合を F の閉集合に写して連続になるので，両者は位相同型になる．□

ここでさらに Y が距離空間（距離 ρ）とするとき，X のコンパクト集合 K，任意の $\varepsilon > 0$ に対し，$g \in F$ について

$$V(g, K, \varepsilon) = \{f \in F | すべての x \in K で \rho(f(x), g(x)) < \varepsilon\}$$

とおき，このような V の有限個の共通分を基本近傍系として F に位相が入る．これをコンパクト一様収束の位相（略称 **CU 位相**）という．この位相での収束：$f_k \to g$ は，正しく f_k が任意のコンパクト集合 K 上で g に一様収束することである．

このとき $X \to Y$ の写像 f の族 F が $x \in X$ において同程度連続とは，任意の $\varepsilon > 0$ に対して x の定まった（f によらない）近傍 U をとると，すべての $f \in F$ について $f(U)$ が Y での $f(x)$ の ε 近傍に含まれるようにできることである．X が局所コンパクトなハウスドルフ空間のとき，連続写像 $f: X \to Y$ の族 F が CU 位相でコンパクトなための必要十分条件は，次の 3 条件がすべて成立することである：

　1° F が CU 位相（CO 位相でも同じ）で閉集合である．

　2° 各点 $x \in X$ に対し $f(x) = \{f(x) | f \in F\}$ の Y での閉包がコンパクトである．

　3° 各点 $x \in X$ において F が同程度連続である．

これは実関数族に対するアスコリの定理の一般化である．各条件のおのおのが必要であることはほぼ自明であり，十分性が本質的である．この証明も難しくはない．それは古典的なアスコリの定理の証明と同様にできる．但し Y が無限集合な

ら選択公理を必要とする．但しここでは証明を省略する．このとき F での CO 位相と CU 位相とは一致する．

このような特別な場合には，X の位相を無視したはずの点別収束が，各コンパクト集合上での一様収束（CU 位相）と一致するという奇蹟（？）が生じたため，両者を明確に区別しなくても結果はすべて正しくなる．

さらに複素関数（次章参照）の場合には次のようになる．X が複素数平面上の領域 D で Y が複素数のとき，$f: X \to Y$ は複素関数とよばれる．複素正則関数の族 F の，上述の CU 位相による閉包がコンパクトなとき，F を正規族とよぶ．この名は 20 世紀の初めにモンテルが命名した歴史的なもので，現在では「前コンパクト族」とでもよぶほうが適切だが，伝統的に使われているのでここでも使用する．

F に所属する正則関数が一様有界：個々の f に依存しない一定の定数 M があってすべての $f \in F$ に対して $|f| < M$，と仮定する．このとき次章で述べるコーシーの評価式により，D 内の任意のコンパクト集合 K 上で f の導関数 f' も一様有界となり，f は K の各点で同程度連続になる．したがって F は正規族になる．その結果点別位相と CU 位相が一致し，F に属する正則関数列が点別収束すれば任意のコンパクト集合上で一様収束するという結果を得る．

特に一つの定まったベキ級数の部分和をとった族は，その収束円内の任意のコンパクト集合上で一様有界であり正規族をなす．したがって点別収束すれば自動的に一様収束する．

モンテル自身にとって「一様有界な正則関数列が D で点別収束すれば D 内の任意のコンパクト集合で一様収束する」という結果（1907）は予想外だったらしい．余りに話がうますぎる（？）ので，どこか重大な誤りを犯したのではないかよく吟味してほしい，と当時の大家達に依頼したと伝えられて

いる（結果は正しかった）．

　上述のような背後の事情がすべて解明されたのはずっと後の時代（20世紀後半）である．だからといって点別収束と一様収束の区別をいい加減にしてよいということにはならない．ましてコーシーが「好運だった」といって済む話でもない．この例は，本質的な課題があるにもかかわらず，実用上の特別な場合に限定すると困難な点が隠れてしまって，かえって本質が見えにくくなったという歴史の一つの実例かもしれない．特例から一般論へというのは学問の研究の標準的な道筋だが，逆に特例では影に隠れていた課題が一般化の折に大きく姿を現すことがあるという教訓の一つだろう．それに気づくのが本当の「一般化」であろう。そういった意味でコーシーからはだいぶ飛躍したが，少し立ち入って解説した次第である．

第5章 コーシーの数学(3)——複素関数論

5.1 複素数と複素数平面

今日複素数(虚数)は実数解をもたない2次方程式の解として導入されるのが通例である．歴史的にもそのようだが，2次方程式の虚解というだけではそれほど価値はない．それが「便利な虚構」として数学者の関心を引いたのは，3次方程式の解法に関連した議論（15-16世紀）以降と思われる．

解析学からは離れるがその辺の事情を若干解説する．但し3次方程式の解法自体は15/16世紀に何度も「再発見」が繰り返されており，数学史の面から詳しく調べると相互の関連はかなり複雑である．

いわゆるタルタリア・カルダノの解法は次のように行われる．まず与えられた3次方程式の変数を平行移動して，それを

$$x^3 + 3px + 2q = 0 \tag{1}$$

の形に標準化する．係数に3, 2を掛けた形にしたのは後の便宜上である．ここで$x = u + v$とおいて代入する（この置き方にも根拠があるが後述）と

$$(u^3 + v^3) + 3(uv + p)(v + u) + 2q = 0$$

となる．ここで第2項が0になるように定めると

$$uv = -p, \quad u^3 + v^3 = -2q$$

となる．これは u^3, v^3 に関する 2 次方程式

$$t^2 + 2qt - p^3 = 0, \quad t_\pm = -q \pm \sqrt{q^2 + p^3} \tag{2}$$

に帰着される．$u = \sqrt[3]{t_+}$, $v = \sqrt[3]{t_-}$ として解 $x = u + v$ をえる．

これは正しい解法だが，$q^2 + p^3$ が正とは限らない．じっさい p, q が実数で，もとの方程式が 3 個の実数解をもつときには，$p < 0$, $q^2 + p^3 < 0$ となり，$t_\pm$ は複素数になる．その解は複素数の 3 乗根を使わなければ求められない（後述）．

1 の 3 乗根は実数の範囲では 1 だけだが，$x^3 - 1 = 0$ の解とすると

$$(x-1)(x^2 + x + 1) = 0, \quad x = 1 \quad \text{または} \quad x = -\frac{1}{2} \pm \frac{\sqrt{-3}}{2}$$

となる．慣例に従って

$$\omega - \frac{1}{2} + \frac{\sqrt{-3}}{2}, \quad \omega^2 = -\frac{1}{2} - \frac{\sqrt{-3}}{2} \quad (\omega + \omega^2 = -1) \tag{3}$$

とおく．これらを 1 の虚 3 乗根とよぶ．$t_\pm$ の 3 乗根の一つをそれぞれ u, v としたとき，もとの方程式の解は

$$u + v, \quad \omega u + \omega^2 v, \quad \omega^2 u + \omega u \tag{4}$$

の 3 個である．$q^2 + p^3 \geqq 0$ のときは（u, v を実数として）$u + v$ が実数，他の 2 個が複素数であるが，$q^2 + p^3 < 0$ のときは u, v が互いに共役複素数であって，上記の 3 個がすべて実数になる．

実数の解を得るのに複素数を使わざるをえないのは逆説的だがやむを得ない．これは解法が下手なせいではなく本質的な課題なのである．この場合は不還元（あるいは不簡約）な場合とよばれて永らく懸案だった．けっきょく 19 世紀になっ

て，3実解をもつ3次方程式を実数の四則と累乗根だけで解くことは不可能であることが最終的に証明された．

これ以上3次方程式にこだわるのは枝道に入りすぎるが，上記の u, v の正体について一言しておく．これもラグランジュが一応解明しているが，近年になってもっと深い根拠のあることがわかった話である．

2変数関数 $f(x, y)$ が対称関数と交代関数の和に一通りに分割されることは，どの教科書にもある．では3変数関数 $f(x, y, z)$ に関するその類比はどうか？

そのときは対称関数，交代関数の他に巡回関数とよばれる第3の種類を導入すると，任意の3変数関数 $f(x, y, z)$ は3種の関数の和に一通りに分割される．ここで「巡回関数」とは，3変数に巡回置換（偶置換）を施した和が0：

$$f(x, y, z) + f(y, z, x) + f(z, x, y) = 0$$

を満たす関数である．典型例として係数の和が0の1次式 $(ax + by + cz = 0$ で $a + b + c = 0)$ がある．(3)で定義した1の虚3乗根 ω, ω^2 を使い，

$$U = x + \omega y + \omega^2 z, \quad V = x + \omega^2 y + \omega z \tag{5}$$

とおいた1次式が（複素数を含むが）その代表である．

3変数関数の分割は次のようにすればよい．$f(x, y, z)$ に対して

$$g(x, y, z) = [f(x, y, z) + f(y, z, x) + f(z, x, y)]/3$$
$$h(x, y, z) = [f(x, z, y) + f(z, y, x) + f(y, x, z)]/3$$

とおくとき

$$s(x,y,z) = [g(x,y,z) + h(x,y,z)]/2,$$
$$l(x,y,z) = [g(x,y,z) - h(x,y,z)]/2,$$
$$c(x,y,z) = f(x,y,z) - g(x,y,z)$$

がそれぞれ対称関数，交代関数，巡回関数であり，$f = s + l + c$ である．分割が一意的なことは，対称関数・交代関数が巡回関数ならば定数 0 に限ることからわかる．

ここで少し計算するか，あるいはもう少し高級な理論を活用すると，次の結果が証明できる．ここで U, V は（5）で定義した 1 次式（巡回関数）である：

3 変数の巡回関数である任意の多項式 $p(x,y,z)$ は，4 個の対称式 S_i ($i = 1,2,3,4$) によって，次のように一通りに表すことができる．

$$S_1(x,y,z)U(x,y,z) + S_2(x,y,z)V(x,y,z)$$
$$+ S_3(x,y,z)U^2(x,y,z) + S_4(x,y,z)V^2(x,y,z) \quad (6)$$

これをシュヴァレー分解とよぶ（20 世紀の親日的なフランスの数学者の名にちなむ）．なお $U \cdot V$，$U^3 + V^3$ は対称式，$U^3 - V^3$ は交代式（基本交代式の定数倍）である．

最初の 3 次方程式に戻ると，（1）のように 2 次の項を 0 としたのは，3 個の解が $x + y + z = 0$ を満たすよう，すなわち $x(y, z$ も）を巡回関数と標準化したことになる．巡回関数 x を（6）のようにシュヴァレー分解をすると，1 次式なので U^2, V^2 の項はなく，S_1，S_2 は定数になる．それが（4）である．冒頭の解法で $x = u + v$ とおいたときの u, v は，実質的にここでの $U/3$，$V/3$ に等しい．

少々脱線が長くなったが，$x = u + v$ と置けばうまく解けるというので満足せず，なぜそうすればよいのかについて少し

掘り下げると，意外と自然な根拠があることを説明したかった次第である．

なお上述で（また今後も）複素数という近年の用語を使い，当時の「虚数」という用語を避けたのも筆者の意図的な記述である．

その後ウォリスやオイラーは解析学にも積極的に複素数を活用した．

複素数 $a + b\sqrt{-1}$ を座標 (a, b) の平面上の点で表すという考えも案外古い．既にウォリスの著書（1688）にその萌芽がある．但しこれは同時代の人々にまったく影響を与えなかった．同じような考えの先駆者としてデンマークのウェッセル（1798）とスイスのアルガン（1806）があるが，前者が再発見されたのは1世紀近く後である．後者は比較的早く注目されて論争も起こった．今日フランスで複素数平面を**アルガン平面**あるいは**ガウス・アルガン平面**と呼ぶことがあるのはその影響である（アルガンは人名で偏角（arg）とは無縁）．

しかしこの事実を積極的に意図して活用したのはガウスの功績である．学位論文（1799）での代数学の基本定理の証明では，多項式 P について $P(x + \sqrt{-1}y) = X(x,y) + Y(x,y)\sqrt{-1} = 0$ の解を，曲線 $X = 0$ と $Y = 0$ の交点として捕らえている（6.3節参照）．

コーシーはこれらの成果を知っていたらしいが，『教程』や『要論』中に使用している複素数は有理式の部分分数分解などかなり形式的な利用にすぎない．積極的に複素数を平面の点で表すことに言及していない．しかし $x + y\sqrt{-1}$ を点 (x, y) と結びつけて，幾何的な言葉を使うことを禁じてはいない．1825年以降複素関数論を本格的に扱うようになると，複素数を平面上の点で表す表現を積極的に活用するようになった．これは結果的にフランスにおいて複素数および複素数平面を認知

ないし普及させるのに大いに役立った.

コーシーはガウスとは違って, 複素整数とか複素数を平面幾何の問題に応用するような方向にはほとんど関心を示していない. その方面にも興味深い話題が多いが, コーシーの数学とは直接の縁が薄いので割愛する. ここで強調したいのは, 複素数(虚数)はれっきとした実在の数であり, 実用上有用という以上に本質的な対象だという点である. 今日では電磁気学や量子力学は複素数なしには成立し得ない.

複素数の表示は直交座標系 $\alpha = a + b\sqrt{-1}$ も重要だが, 極座標による表示

$$r(\cos\theta + \sin\theta\sqrt{-1}), \quad r = |\alpha| \text{ (絶対値)}, \quad \theta = \arg\alpha \text{ (偏角)}$$

も有用である. 乗算では, 絶対値が積, 偏角が和になる. ド・モアブルの定理

$$(\cos\theta + \sin\theta\sqrt{-1})^n = \cos(n\theta) + \sin(n\theta)\sqrt{-1}$$

は重要な公式である. $\cos\theta + \sin\theta\sqrt{-1}$ は複素数の指数関数によって

$$\exp(\theta\sqrt{-1}) = e^{\theta\sqrt{-1}}$$

と表されるが, 近年 $\mathrm{cis}(\theta)$ という記号を提唱した人がある. $\sqrt{-1}$ を i で表して cos, sin の頭字をとって並べた記号であって, 格別他の類似語と関係はない. シスあるいはチスと読むらしい(キスではない). この記号を使えば前出の (3) は

$$\omega = \mathrm{cis}(120°), \quad \omega^2 = \mathrm{cis}(240°)$$

と表される(ラジアン単位ならそれぞれ $2\pi/3$, $4\pi/3$).

余談ながら複素数に「順序が入らない」という語もかなり一人歩きして正しく理解されていない印象である. **順序**というのは 2 数間の関係であって, どれだけの条件を課すかによっ

て可能性が変る．単に順序づけだけならば，例えば辞書式順序：$a+b\sqrt{-1}$ と $\beta = c+d\sqrt{-1}$ とに対し，$a>c$ なら $\alpha > \beta$ とし，$a=c$ のとき $b>d$ なら $\alpha > \beta$ とする；を導入することが可能である．しかしこの順序は $\alpha > \beta$ なら $\alpha + \gamma > \beta + \gamma$ という加法の関係は保存するが，$\alpha > \beta$，$\gamma > 0$ なら $\alpha\gamma > \beta\gamma$ という乗法の関係は成立しない．実は乗法の関係をも要請すると，複素数全体にそのような順序が入らない（無理に定義すれば矛盾を生じる）ことが確かめられる．そして上記のような辞書式順序は（まったく無用の長物とはいわれないが）複素数の実用にあたって余り役に立たない．役に立つかはともかく「複素数に順序を入れた」と称する研究では，「順序」にどれだけの性質を要請したのかを明示することが本質的である．

但し複素数の絶対値は実数であり，その大小の評価は以下でも活用するように重要である．

5.2 複素数の関数とその微分法

複素数 $z = x + y\sqrt{-1}$ の，複素数値 $w = u + v\sqrt{-1}$ をとる関数とは形式的には

$$w = u(x,y) + v(x,y)\sqrt{-1} \tag{1}$$

と表される2個の2変数関数 u, v の組にすぎない．実際単なる連続関数というだけなら，記号節約の意味しかない．しかし後述のように微分可能性を考えると，u, v に重要な相互関係が生じる．これはリーマン（1851）が強調した論点である．

歴史的には複素数を形式的な変数とする関数や級数は，18世紀にオイラーなどが積極的に扱っている．指数関数と三角

第 5 章 コーシーの数学 (3)――複素関数論

関数を結びつけた

$$e^{ix} = 1 + ix + \frac{(ix)^2}{2!} + \frac{(ix)^3}{3!} + \frac{(ix)^4}{4!} + \cdots$$
$$= (1 - \frac{(ix)^2}{2!} + \frac{(ix)^4}{4!} + \cdots) + i(x - \frac{(ix)^3}{3!} + \frac{(ix)^5}{5!} \cdots)$$
$$= \cos x + i \sin x$$

（ここではオイラーに従って $i = \sqrt{-1}$ と表す），あるいはその特別な場合として

$$e^{i\pi} = -1 \quad (e^{i\pi} + 1 = 0)$$

がその典型例である（これはかつて私的なアンケート調査で数学の「最も美しい公式」に選ばれた結果である）．コーシーもこれを『要論』第 39 講で扱っている．

実際に級数，特にベキ級数は変数を複素数にしても同様に扱うことができる．それどころかそうしないと本質が見えてこないことが次第にわかってきた．

『教程』や『要論』ではコーシーは複素変数の関数自体をそれほど積極的に扱っていない．積極的に取り組むようになったのは 1825 年以降である．

複素変数 $z = x + y\sqrt{-1}$ の関数 $f(z)$ は（1）のように表すことができる．ここで微分可能性を考える．それは

$$\lim_{h \to 0} \frac{f(z_0 + h) - f(z_0)}{h} \tag{2}$$

が一定の極限値（それを $f'(z_0)$ で表す）をもつことである．形式的には実変数の場合（3.5 節）と変らない．しかしここで h 自体が複素数であり，0 に近づくしかたは複素数平面上で遥かに多様であることに注意する．

例えば h を実数として 0 に近づければ (2) は

$$\lim_{h\to 0}\frac{u(x+h,y)+v(x+h,y)\sqrt{-1}-u(x,y)-v(x,y)\sqrt{-1}}{h}$$
$$=\frac{\partial u}{\partial x}+\sqrt{-1}\frac{\partial v}{\partial x}$$

である．また h を純虚数 $k\sqrt{-1}$ (k は実数) として k を 0 に近づければ

$$\lim_{k\to 0}\frac{u(x,y+k)+v(x,y+k)\sqrt{-1}-u(x,y)-v(x,y)\sqrt{-1}}{k\sqrt{-1}}$$
$$=-\sqrt{-1}\frac{\partial u}{\partial y}+\frac{\partial v}{\partial y}$$

である．この両者が等しくなければいけないから，u,v は独立でなく関係式

$$\frac{\partial u}{\partial x}=\frac{\partial v}{\partial y},\ \frac{\partial u}{\partial y}=-\frac{\partial v}{\partial x} \tag{3}$$

を満たさなければならない．コーシーも後の『微分学講義』でこれを注意しているが，この重要性を強調したのはリーマンの学位論文 (1851) なので，今日 (3) をコーシー・リーマンの微分方程式とよんでいる．但し同じ形の偏微分方程式は，既に 18 世紀に完全流体の 2 次元流の記述中に現れている．

逆に $u(x,y),v(x,y)$ が全微分可能（下記）で偏導関数がコーシー・リーマンの微分方程式を満足すれば，$u+v\sqrt{-1}$ は複素変数 $z=x+y\sqrt{-1}$ の関数として微分可能である（このことは形式的な変形で証明できる）．全微分可能性の概念が確立したのは 19 世紀末頃のストルツによるが，便宜上それを以下に解説する．

1 変数関数 $y=f(x)$ が $x=x_0$ において微分可能という条件を書き換えると次のようになる．$x=x_0$ の近くで $f(x)$ がある

定数 α と剰余項 $\gamma(x:x_0)$ により

$$f(x) = f(x_0) + \alpha(x - x_0) + \gamma(x:x_0); \quad \lim_{x \to x_0} \frac{\gamma(x:x_0)}{x - x_0} = 0$$

と表されるのが, $f(x)$ が $x = x_0$ で微分可能であるための必要十分条件である.このとき $\alpha = f'(x_0)$ (x_0 での微分係数)である.

この性質を 2 変数（さらに多変数）に拡張して, 次の条件が成立するとき, $u(x,y)$ が点 (x_0,y_0) において全微分可能という.適当な定数 α, β により, $u(x,y)$ が (x_0,y_0) の近くで次のように表され,

$$u(x,y) = u(x_0,y_0) + \alpha(x - x_0) + \beta(y - y_0) + \gamma(x.y:x_0,y_0),$$

剰余項について $\quad \lim_{x \to x_0, y \to y_0} \dfrac{\gamma(x,y:x_0,y_0)}{|x - x_0| + |y - y_0|} = 0$

が成立する.このとき $\alpha = \frac{\partial u(x_0,y_0)}{\partial x}, \beta = \frac{\partial u(x_0,y_0)}{\partial y}$ (偏微分係数)である.

$u(x,y)$ が (x_0,y_0) の近くの各点で偏微分可能であって, 偏導関数 $\partial u/\partial x$, $\partial u/\partial y$ が連続ならば (x_0,y_0) において全微分可能だが, 全微分可能性は偏微分可能性よりも強い条件である.

細かい結果だが, (x_0,y_0) の近くの各点で $u(x,y),v(x,y)$ が偏微分可能であり, 偏導関数がつねにコーシー・リーマンの微分方程式を満足すれば, $u+v\sqrt{-1}$ は複素関数として微分可能になる.しかも偏微分可能性やコーシー・リーマンの関係式がルベーグ測度 0 の例外集合 Ω 上で不成立でも, 必要に応じて Ω 上の値を適切な値に再定義すれば, 複素関数として微分可能になる（ローマン・メンショフの定理；1928）, 但し実用上には便利だが, この定理の証明には多くの準備と数ページ以上にわたる細かい議論が必要なので省略する.

実のところたまたまある一点だけ（？）で微分可能というのは余り役に立たない.実用上重要なのはある範囲 D の各

点で上記の意味で微分可能な場合である．このとき $f(z) = u(x,y) + v(x,y)\sqrt{-1}$ が D で正則であるとよぶ．これは伝統的な名であり，近年では他の意味との混同を避けるためもあって整型 (holomorphic) という語のほうが広く使われる．しかしここでは伝統に従う．コーシーはしばしば「正則」というべきところを「有界連続」という（まったく別のずっと弱い条件を指す）語を使っているので問題とされる．しかしこれは「いい損い」または習慣だと思って大目に見ることにしよう．

実は後に注意するように，複素関数 $f(z)$ が前記の意味で正則（ある範囲の各点で微分可能）ならば，導関数 $f'(z)$ が連続（実はさらに微分可能）になる（グルサの定理；1923）．近年の教科書の多くはこの性質を重要視して，正則性の定義を微分可能性だけとして導関数の連続性を仮定しないことが多い．数学の理論上では確かに重要な論点である．しかし実用上の面（および教育上の配慮）からすると，正則性の定義に導関数の連続性をも仮定して議論を簡易化したほうがかえって有用と思う．なお非常にうるさいことをいうと，グルサの定理は構成的実数の構成的理論では証明できず，ケーニヒの補題を仮定しないと（極めて病的だが）反例が構成できることが最近示された．

上記の意味で微分可能な複素関数 $f(z)$ は，$f'(z) \neq 0$ ならば等角写像という性質をもつ．それは $f(z) = u(x,y) + v(x,y)\sqrt{-1}$ によって $z = x + y\sqrt{-1}$ 平面上の図形を $w = u + v\sqrt{-1}$ 平面の図形に写像するとき，交わる曲線の間の角が（向きも込めて）同一という性質である．実はさらに詳しく共形性：3点の像が高次の項を無視すれば同じ向きにもとの三角形と相似，という性質も成立する．

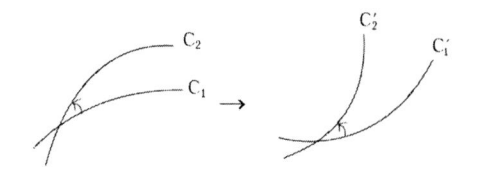

図 **5.1**　等角写像

　等角写像性は方向を正しく表現する地図の作成に重要だった．プトレマイオスが使った平射図法（球面上の一点からその点を極とする赤道面に平行な平面に射影する図法）が多分最古の（意図しなかった）等角写像であろう．微分積分学の誕生前後（16世紀末）にオランダのメルカトールが経線・緯線の直交する地図（今日世界地図によく使われるメルカトール図法）を等角写像地図として導入した．その後色々な等角写像が考えられたが，当然そのような一般的な写像は何かという課題が生じた．

　19世紀の初めにデンマークの学士院が公募したこの問題に応募してそれを完全に解いたのは他ならぬガウスである．答は「複素変数の正則関数」だった．今日各種の目的で使われている平面の直交曲線座標系，例えば双極座標（互いに直交する円の族で表す），楕円座標，放物線座標，直角双曲線座標などはすべて簡単な1次分数式あるいは2次式によって，平面の直交座標か極座標（同心円と放射線）を等角写像して作られる体系である．

　コーシー自身はこうした幾何学的な応用にはほとんど触れていないので，ここでは以上のような名を挙げるだけに留めるが，等角写像論は複素正則関数の応用上重要な分野の一つである．

5.3 線積分と積分定理

次に複素関数の積分であるが,複素数 α から β までの積分というと,その間をどういう経路(積分路)に沿って積分するかを定める必要がある.

コーシー自身明確に述べていないものの,複素数を平面で表し2点を曲線 C で結んでそれに沿う積分(線積分)を考えていたことは,その記述から明白に読みとることができる.その発端は1825年の『複素数の間の積分』に関する論文と思われる.以下のような理論が完成したのはもう少し後の時代だが,現代の立場から解説する.

以下曲線というのは単なる図形でなく,別の実数の区間 $a \leq t \leq b$ において定義された複素数値を取る連続関数(写像) $z = (t) = \xi(t) + \eta(t)\sqrt{-1}$ による像である.したがってその上に向きと「目盛り」がついている.図形としては直線も含むし,点に退化することもある.$\varphi(t)$ が t について微分可能なとき滑らかな曲線といい,有限個の角(微分できない点)以外は微分可能な連続曲線を区分的に滑らかな曲線という.線積分の積分路は特に断らない限り区分的に滑らかな曲線に限定するのが習慣であり以下そうする.$\varphi(a) = \varphi(b)$(両端点が一致)のとき閉曲線とよぶ.

積分路を表す図形 C を含むある範囲で定義された関数 $f(z)$ があるとする.もとの実数の区間 $a \leq t \leq b$ を通例の積分の場合(3.7節)と同様に

$$a = a_0 < a_1 < \cdots < a_{n-1} < a_n = b \tag{1}$$

と分割し,各小区間 $a_{k-1} \leq t \leq a_k$ の像上に代表点 z_k をとって積和

$$\sum_{k=1}^{n} f(z_k)[\varphi(a_k) - \varphi(a_{k-1})] \tag{2}$$

第5章 コーシーの数学 (3)――複素関数論　139

を作る．分割を細かく（最大幅を0に近づける）したとき，代表点 z_k をどのようにとっても積和 (2) が一定の値 I に近づくならば，その極限値 I を $f(z)$ の C に沿う線積分といい

$$I = \int_e f(z)dz$$

と表す．ここで (2) の後の項（[ ] 内）を $\xi(a_k) - \xi(a_{k-1})$ あるいは $\eta(a_k) - \eta(a_{k-1})$ に変えたときの極限値をそれぞれ x, y に対する線積分といい

$$\int_C f(z)dx \quad \text{または} \quad \int_C f(z)dy$$

で表す．また $|\varphi(a_k) - \varphi(a_{k-1})| = \sqrt{[\xi(a_k) - \xi(a_{k-1})]^2 + [\eta(a_k) + \eta(a_{k-1})]^2}$ に置き換えたとき，曲線の線素による線積分といい

$$\int_C f(z)|dz|$$

で表す．$\int_C 1|dz|$ は曲線 C の長さを表す．なお以上の記号で両端点 $\alpha = \varphi(a)$, $\beta = \varphi(b)$ を明示したいときには $_C\!\int_\alpha^\beta$ という記号を使うこともある．閉曲線の全周にわたるときには $\oint_C$ という記号も使われるが，本書では使用しない．

　上記は一般論であるが，C が区分的に滑らかで $f(z)$ が連続（詳しくは C 上で一様連続）ならば，上記の意味で積分可能であり，線積分は

$$\int_C f(z)dz = \int_a^b f(\varphi(t))\frac{d\varphi}{dt} \cdot dt \tag{3}$$

と普通の積分で表される．実際に使われるのはほとんどこの場合だけであり，(3) の右辺を線積分の「定義」と思ってもよい．

線積分の概念は19世紀の末頃スティルチェスによってスティルチェス積分の形で一般化（抽象化）されたが，普通の複素解析で使う線積分に対しては上述の解説で十分と思う．

　だが線積分は一般に両端点だけでは定まらず積分路による．簡単な一例として原点 O から $P(1+\sqrt{-1})$ まで x（z の実部）を次の3通りの積分路に沿って積分してみよう．

　C_1：まっすぐに O から P へ線分に沿う．
$z = t(1+\sqrt{-1}),\ 0 \leq t \leq 1.$

$$_{C_1}\!\int_O^P xdz = \int_{t=0}^1 t(1+\sqrt{-1})dt = \frac{1}{2}(1+\sqrt{-1}).$$

　C_2：O から点 $A(1)$ まで水平に進み，ついで P へ垂直に進む．

　$0 \leq t \leq 2$ として $0 \leq t \leq 1$ では $z = t$, $1 \leq t \leq 2$ では $z = 1 + (t-1)\sqrt{-1}$

$$_{C_2}\!\int_O^P xdz =\, _{C_2}\!\int_O^A xdz +\, _{C_2}\!\int_A^P xdz = \int_0^1 tdt + \int_1^2 1\cdot\sqrt{-1}dt$$
$$= \frac{1}{2} + \sqrt{-1}.$$

　C_3：O から点 $B(\sqrt{-1})$ まで垂直に進み，ついで P へ水平に進む．$0 \leq t \leq 2$ として，$0 \leq t \leq 1$ では $z = \sqrt{-1}\,t$, $1 \leq t \leq 2$ では $z = (t-1) + \sqrt{-1}$

$$_{C_3}\!\int_O^P xdz =\, _{C_3}\!\int_O^B xdz +\, _{C_3}\!\int_B^P xdz = \int_0^1 0\sqrt{-1}\,dt \cdot idt + \int_1^2 (t-1)dt = \frac{1}{2}$$

これらの結果はすべて相異なる．しかし被積分関数を z とすると

$$_C\!\int_O^P zdz = \frac{1}{2}(1+\sqrt{-1})^2 = \sqrt{-1} \quad (C = C_1, C_2, C_3 \text{のどれでも})$$

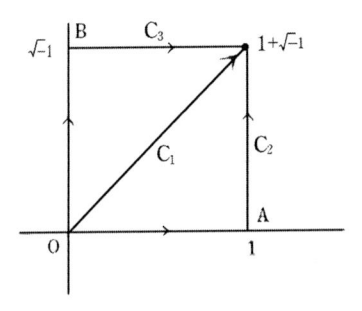

図 5.2　いろいろの積分路

とすべて同一になる．このときはどんな積分路でも値が等しい．そういう場合が真に「意味のある」複素線積分である．

ではどういうときに線積分が両端点だけで定まって積分路によらないか？　一つの十分条件として，$f(z)$ がある一価な原始関数 $F(z)$ の導関数 $F'(z)$ に等しい場合がある．そのときには (3) の右辺は，合成関数の微分法の公式により

$$\int_a^b F'(\varphi(t))\frac{d\varphi}{dt}dt = \int_a^b \frac{d}{dt}F(\varphi(t))dt$$
$$= F(\varphi(b)) - F(\varphi(a)) = F(\beta) - F(\alpha) \quad \text{(微分積分学の基本定理)}$$

となるからである．

ある意味でこれが必要条件でもあるのだが，以下に述べるコーシーの積分定理：D が「穴がない」領域で $f(z)$ がそこで正則なら，D 内の任意の閉曲線に沿って $\int_C f(z)dz = 0$; したがって α から β までの線積分は積分路によらない；
に対して，このような形で証明を進めている教科書は少数である (近年そういう進め方が見直されているのだが)．

$f(z)$ が正則関数でも，無条件で $\int_C f(z)dz = 0$（C：閉曲線）は成り立たない．C を原点の周を一回する単位円の周：C =

$\cos t + \sqrt{-1} \sin t$, $0 \leqq t \leqq 2\pi$ とするとき

$$\int_C \frac{dz}{z} = \int_0^{2\pi} \frac{-\sin t + \sqrt{-1} \cos t}{\cos t + \sqrt{-1} \sin t} dt = \int_0^{2\pi} \sqrt{-1} dt = 2\pi\sqrt{-1} \neq 0$$

である．これは被積分関数 $\frac{1}{z}$ が $z = 0$ で微分可能でなく，その正則な範囲 $D = U - \{0\}$，U は円板 $\{|z| < 1 + \delta\}(\delta > 0)$ に穴（原点）があいているせいと解釈される．

閉曲線 C が長方形 $R = \{a \leqq x \leqq b, c \leqq y \leqq d\}$ の周（正の向きに廻る）ならば（図 5.3），C を含む領域 D で正則な関数

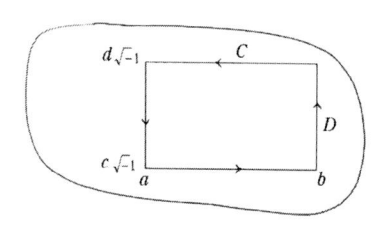

図 5.3　長方形の周の積分路

$f(z)$ について $\int_C f(z)dz = 0$ は次のようにして証明できる．この線積分は 4 個の積分

$$\int_a^b f(x + c\sqrt{-1})dx + \int_c^d f(b + y\sqrt{-1})dy + \int_b^a f(x + d\sqrt{-1})dx +$$
$$\int_d^c f(a + y\sqrt{-1})dy = \int_c^d [f(b + y\sqrt{-1}) - f(a + y\sqrt{-1})]dy$$
$$- \int_a^b [f(x + d\sqrt{-1}) - f(x + c\sqrt{-1})]dx$$

の和に分解できる．この [　] 内は微分積分学の基本定理を

逆に使って

$$= \int_c^d \int_a^b \frac{\partial f}{\partial x}(x+y\sqrt{-1})dxdy - \int_a^b \int_c^d \frac{\partial f}{\partial y}(x+y\sqrt{-1})\frac{dy}{\sqrt{-1}} \cdot dx$$

$$= \iint_R \left(\frac{\partial f}{\partial x} + \sqrt{-1}\frac{\partial f}{\partial y}\right)dxdy \quad (二重積分)$$

となる．しかしコーシー・リーマンの微分方程式によって最後の被積分関数は 0 に等しい．□

このように C に沿う線積分は C の囲む範囲 R 内の偏導関数の重積分によって表される．これはグリーンの定理と呼ばれ 2 変数関数に関する微分積分学の基本定理に相当する結果である（グリーンは 18 世紀中頃の英国の独学の数学者の名だが，この定理自体が他の名でよばれることも多い）．

コーシーの積分定理は実質的にグリーンの定理の複素数版なのだが，今日このような形で証明している（少なくともそれを示唆している）教科書はほとんどない．それはグリーンの定理を厳密に証明しようとすると，積分域に関する種々の条件が必要になること，また導関数の連続性が必要な（と信じられていた）せいである．実は証明をうまく進めると，個々の偏導関数 $\partial f/\partial x, \partial f/\partial y$ 自身が連続でなくても，それを最終的にまとめた形の被積分関数が連続（この場合には $\partial f/\partial x + \sqrt{-1}\partial f/\partial y = 0$ だからもちろんそう）という条件だけで正しく証明できることが知られている（かなり技巧的ではあるが）．

そういう点を考慮すると少なくとも実用的には，コーシーの積分定理が「グリーンの定理の複素数版」だという性格をもっと強調してよいと思う．

本書は複素解析の教科書でないので，コーシーの積分定理の一般的な場合の証明は以下の略述に留める．ここで最大の課題は，直観的にはほぼ明らかな「穴がない」という条件をどう定式化するかである．コーシーの時代はもちろん，リー

マンやワイエルストラスでも（その後の多くの教科書も），そのあたりは図形に関する直観にたよっていた．これに対してトポロジー（平面の位相幾何学）の長々とした議論をせずに厳密な証明を与えたのは，アールフォルスの名著『複素解析学』（初版．1953）に採用されたアルティンの方法だろう．概要を述べると次のようになる．

まず閉曲線 C が α（で表される点）を通らないとき線積分 $\dfrac{1}{2\pi i}\displaystyle\int_C \dfrac{dz}{z-\alpha}$ ($i=\sqrt{-1}$) の値が整数であることを，積分と複素変数の指数関数の性質だけを使って証明する．この量を閉曲線 α の周りの C の回転指数という．直観的には α に立って C 上を一周するランナーを追ったとき，観察者が何回（向きを込めて）α のまわりをまわったかを表す数である．アルティンは「穴がない」領域（専門用語では単連結領域という）を，「D 内の任意の閉曲線 C と D に含まれない任意の点 α に対して，α の周りの C の回転指数がつねに 0 である領域」と定義した．これは直観ともよく合う．

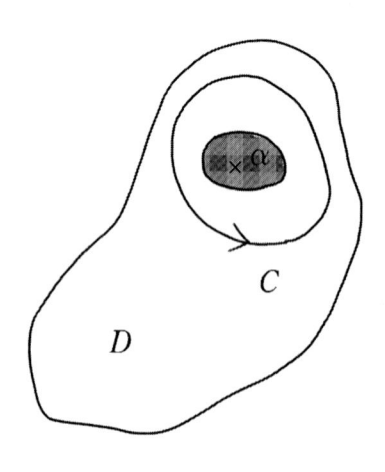

図 5.4　穴のある領域

そのとき D 内の任意の閉曲線 C は辺が実軸または虚軸に平行な有限個の長方形の周で近似され，おのおのの長方形の内部がすべて D に含まれる（穴がない）のでその周での $f(z)$ の線積分は 0 である．それらを合わせてそれで積分を近似すれば $\int_C f(z)dz = 0$ である．あるいはそれから $f(z)$ の原始関数 $F(z)$ を構成して，最初の注意に帰着させることもできる．

ここで後の説明の便をはかって一つ細かい注意をしておく．$f(z)$ が 1 点 a 以外では正則であり，$z = a$ の近くでは緩増加：$\lim_{z \to a}(z-a)f(z) = 0$ と仮定する．$z = a$ では $f(z)$ が定義されていなくてもよい（∞ になってもよいが $1/(z-a)$ よりもゆっくりという気持ちで「緩増加」と仮称する）．このとき a を含む辺が水平または垂直な長方形 R の周 $\Gamma(R)$ についてコーシーの積分定理 $\int_{\Gamma(R)} f(z)dz = 0$ が成立する．

それは次のように証明できる．a を中心とする一辺の長さ 2δ の小正方形 R_0 が R 内に含まれるように作る．R_0 の辺を延長して R から R_0 を除いた部分を 8 個の長方形に分割する．各 R_k の周を $\Gamma(R_k)$ と表す（図 5.5）．既に示したとおり

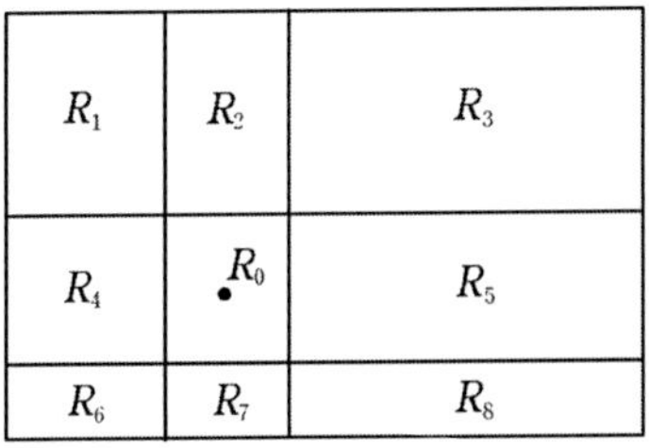

R_1	R_2	R_3
R_4	$\bullet R_0$	R_5
R_6	R_7	R_8

図 5.5　緩増加な特異点を囲む長方形

$$\int_{\Gamma(R)} f(z)dz = 0 \quad (k = 1, 2, \cdots, 8)$$

である．これらを全部加えると途中に引いた線分上では上と下または右と左で反対向きに積分されるので線積分は打ち消し合い

$$\int_{\Gamma(R)} f(z)dz = \int_{\Gamma(R_0)} f(z)dz$$

となる．与えられた $\varepsilon > 0$ に対して δ を十分小にとって $\Gamma(R_0)$ 上で $|(z-a)f(z)| < \varepsilon$ とすると，z が $\Gamma(R_0)$ 上にあるとき，$|z-a| \geqq \delta$，$\Gamma(R_0)$ の全長 8δ であり，

$$\left|\int_{\Gamma(R_0)} f(z)dz\right| \leqq \int_{\Gamma(R_0)} |(z-a)f(z)| \cdot \frac{|dz|}{|z-a|} < \varepsilon \cdot \frac{8\delta}{\delta} = 8\varepsilon$$

をえる．ε, δ はいくらでも小さくとることができるから，これは $\int_{\Gamma(R_0)} f(z)dz = 0$ を意味する．□

実はこのとき $f(a)$ を適当に定義する（あるいはし直す）と，$f(z)$ は $z = a$ でも正則になり，$z = a$ は除去可能な特異点である（リーマンの定理）．今日では除去可能な特異点は黙って除去しておくのが慣例である．$f(z) = \frac{\sin z}{z}$ は $z = 0$ が緩増加な特異点であって，$f(0) = 1$ と定義すれば $f(z)$ は $z = 0$ でも正則になる．この事実にコーシーも実質的に気付いていたようだが明言していない．しかしこの注意をしておくと有用な場面が多い．

5.4 複素関数の基本性質

コーシーの積分定理は複素関数論の基本定理とされる．極端な人は「複素関数論のほとんどの結果はそれからの帰結である」とまでいっている．本書は複素関数の教科書ではないのでその帰結を網羅することはしないが，コーシーの名を冠するいくつかの結果と，後に引用する若干の重要な事実を略述する．

(i) コーシーの積分公式．「穴のない」領域 G 内で $f(z)$ が正則とする．G 内の単一閉曲線 C で囲まれた範囲 D の点 z について

$$f(z) = \frac{1}{2\pi i} \int_C \frac{f(\xi)}{\xi - z} d\xi \tag{1}$$

が成立する（$\sqrt{-1} = i$ と記す）．

その証明に昔は z の周りの小円周と C とに橋を架けた閉曲線（後述の図 5.8 参照）にコーシーの積分定理を適用していた．近年では次のような方式が使われる．被積分関数の分子を $[f(\xi) - f(z)] + f(z)$ と分割する．z を固定すれば $f(z)$ は定数であり，後者の積分は $f(z) \times$ 回転指数 $= f(z)$ である．前者は ξ の関数として $\xi = z$ 以外は正則で，z においては

$$\lim_{\xi \to z}(\xi - z) \times F(\xi) = 0, \quad F(\xi) = \frac{f(\xi) - f(z)}{\xi - z}$$

という緩増加な特異点という性質をもつ．したがって前節末の最後の注意によって $\int_C F(\xi) d\xi = 0$ である．まとめて（1）を得る．□

（1）は大変な内容を含む．C 上の $f(\xi)$ の値を与えれば，その内部 D での $f(z)$ の値は（1）でいやおうなしに決まってしまう．これは $f(z)$ がラプラスの偏微分方程式 $\Delta f = 0$ の解であって，（1）は C で囲まれた部分に関する境界値問題の解を与える公式だと割り切ってしまえばそれほど驚くべきではないかもしれない．しかし複素整型関数が極端に限定された関数であることを示唆する．

（1）が成立すれば $\xi - z \neq 0$ である限り，ξ に関する積分と z に関する微分との順序交換が許される．したがって $f(z)$ は何回でも微分でき

$$f^{(n)}(z) = \frac{n!}{2\pi i} \int_C \frac{f(\xi)}{(\xi - z)^{n+1}} d\xi \tag{2}$$

が成立する（$f^{(0)}(z) = f(z)$ と解釈する）．

(ii) **コーシーの評価式** 特に C を $z = a$ を中心とする半径 r の円周とし，C 上で $|f(\xi)| \leq M$ とすれば

$$|f^{(n)}(a)| \leq \frac{n!}{2\pi} \int_C \frac{|f(\xi)|}{r^{n+1}} |d\xi| \leq \frac{Mn!}{r^{n+1}} \cdot \frac{2\pi r}{2\pi} = \frac{Mn!}{r^n} \quad (3)$$

を得る．これをコーシーの評価式という．このことから D で $|f| < M$ ならば D の境界から δ 以上離れた内部では $|f'(z)| < M/\delta$ が成立する．

またこの評価から $z = a$ でのテイラー展開

$$f(a) + f''(a)(z-a) + \frac{f''(a)}{2!}(z-a)^2 + \cdots = \sum_{k=0}^{\infty} \frac{f^{(k)}(a)}{k!}(z-a)^k \quad (4)$$

は $|z-a| < r$ で収束する．収束する無限等比級数 $M \cdot \sum_{k=0}^{\infty} \left|\frac{z-a}{r}\right|^k$ が優級数になるからである．

(iii) **テイラー展開** 上述はテイラー級数 (4) が収束するというだけで，その和がもとの $f(z)$ に等しいとはいっていないが，それも (2) を使って証明できる．$0 < \rho < r$ である定数 ρ をとり，$|z-a| \leq \rho$ で考えると，$C : |z-a| = r$ として

$$f(z) - \sum_{k=0}^{n} \frac{f^{(k)}(a)}{k!}(z-a)^k$$
$$= \frac{1}{2\pi i} \int_C f(z) \left[\frac{1}{\xi - z} - \sum_{k=0}^{n} \frac{(z-a)^k}{(\xi-a)^{k+1}} \right] d\xi \quad (5)$$

と表される．この最後の項の [ ] 内は等比級数の和の形で

$$\frac{1}{\xi - z} - \frac{1}{\xi - a} \cdot \frac{1 - [(z-a)/(\xi-a)]^{n+1}}{1 - [(z-a)/(\xi-a)]} = \frac{1}{\xi - z} \cdot \left(\frac{z-a}{\xi-a}\right)^{n+1}$$

と表される．したがって C 上で $|f(z)| \leqq M$ として

$$(5) \text{の絶対値} \leqq \frac{M}{2\pi} \int_C \frac{1}{|\xi - z|} \left|\frac{z-a}{\xi-a}\right|^{n+1} |d\xi| \leqq \frac{M}{2\pi} \cdot \frac{2\pi r}{r-\rho} \cdot \frac{\rho^{n+1}}{r^{n+1}}$$
$$= \frac{Mr}{r-\rho} \cdot \left(\frac{\rho}{r}\right)^{n+1}$$

と評価される．ここで $0 < \rho < r$ だから $n \to \infty$ とするとき (5) の左辺 $\to 0$ となる．すなわちテイラー級数 (4) は $|z-a| \leqq \rho$ で一様に収束して，その極限値は最初の $f(z)$ に等しい． □

ここにおいてベキ級数で表される関数と複素関数の意味で微分可能な関数は同一の類であることがわかった．しかも $f(z)$ が $\{|z-a| < r\}$ において正則なら $0 < \rho < r$ である任意の ρ について，テイラー級数 (4) は $|z-a| \leqq \rho$ で収束するから，結局 $|z-a| < r$ で収束する．したがってその収束半径は展開中心 a から最近の特異点までの距離に等しい．そして収束半径 ρ が有限ならば，収束円周 $\{|z-a| = \rho\}$ の上に必ず特異点がある．$f(x) = \frac{1}{1+x^2} = 1 - x^2 + x^4 - x^6 + \cdots$ の収束半径は 1 だが，$x = \pm 1$ は $f(x)$ に対して普通の点であって何の異常もない．その収束半径が 1 なのは，$x = \pm\sqrt{-1}$ $(= \pm i)$ が $f(x)$ の特異点 (分母が 0 になり，値が限りなく大きくなる) であるせいと解釈できる．

ここで細かい注意をしておく．特異点はベキ級数の収束・発散とは無関係である．$\sum_{k=1}^{\infty} \frac{z^k}{k^2}$ の収束半径は 1 であり，$z = 1$ が特異点だが，ベキ級数自体は $z = 1$ で収束する (和は $\pi^2/6$)．このとき $f'(z) = \sum_{k=1}^{\infty} \frac{z^{k-1}}{k}$ が $z = 1$ で発散するので，「特異点」というのも納得できるだろう．

ではその特異点は収束円周上のどこにあるか？係数列から偏角最小の特異点の位置を決めるマンデルブロートの公式 (1925；発見者は近年フラクタルで有名な同姓の数学者の叔父) があるが，複雑すぎて余り役に立たない．ただ次のヴィヴァンティの

定理は証明もそれほど難しくないし (ここでは省略) 実用上にも有用である.

ベキ級数 $f(z) = \sum_{k=0}^{\infty} c_k z^k$ の係数がすべて正または 0 の実数で, 収束半径 ρ が正の有限値ならば, $z = \rho$(正の実数) は $f(z)$ の特異点である.

上述の例もこれに含まれる.

(iv) リューヴィルの定理: $f(z)$ が複素数平面全体で正則とし, ある正の定数 l, M について, 十分大きな $|z|$ で $|f(z)| \leq M \cdot |z|^l$ が成立するとする. そのとき十分大な円周 $|z| = R$ について, コーシーの評価式 (3) を適用すると

$$|f^{(k)}(0)| \leq \frac{M k! R^l}{R^k}$$

となるから, $k > l$ ならば $R \to +\infty$ として $f^{(k)}(0) = 0$ でなければならない. すなわち $f(z)$ は l 次以下 (詳しくは l の整数部以下) の多項式に限る. 特に $l = 0$ ($f(z)$ が有界) ならば, $f(z)$ は定数である. 通例この最後の性質をリューヴィルの定理とよぶ (多項式の場合まで拡張してよぶこともある). コーシーも知っていたらしいが, 彼が亡命中 (1830 年代) にリューヴィルが楕円関数の性質と併せて発表したのでこの名がある.

この事実を活用すると, いわゆる代数学の基本定理が鮮やかに証明できる (6.3 節参照).

(v) 孤立特異点　コーシーは 1820 年代にすでに孤立特異点 $z = a$ のまわりを一周する積分値 $\frac{1}{2\pi i} \int_C f(z) dz = b (i = \sqrt{-1})$ が必ずしも 0 にならないことを知り, その値を留数とよんだ. 原語 residue は剰余と同義語であり, 留数はその音訳的な訳語らしい. その値 b が, $f(z)$ を負の累乗の項もこめて

$$\cdots + \frac{c_{-2}}{(z-a)^2} + \frac{c_{-1}}{z-a} + c_0 + c_1(z-a) + c_2(z-a)^2 + \cdots \quad (6)$$

と展開したとき，$1/(z-a)$ の係数 c_{-1} に等しいことに気づき，留数解析に基づく定積分の計算を考えた (次節参照)．その辺の事情をさらに詳しく研究したのは 1840 年代のローランの研究である．今日 (6) をローラン級数とよぶ．

以下の解説はローラン自身のものではなく，もっと後年の学者が整理した形だが，そのほうがわかりやすいと思う．

$f(z)$ が円環領域 $\{0 \leqq r < |z-a| < R\}$ で正則とする．このとき $r < \rho < R$ である ρ をどうとっても $\int_{|z-a|=\rho} f(z)dz$ の値は一定である．これは 2 個の同心円に沿う積分に対して橋をかけて細かい扇形にわけて加えれば容易に確かめられる (図 5.6)．

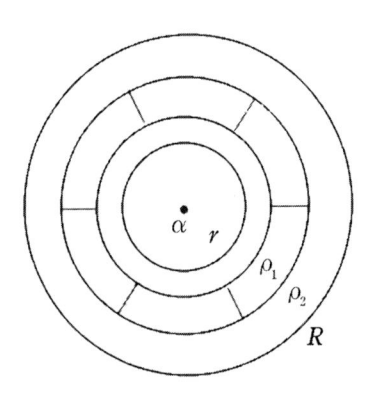

図 5.6　同心円環

それを活用すると，円周 $|z-a|=\rho$ に沿う積分路を C_ρ と表すとき，$r < r' < R' < R$ をとると，$r' < |z-a| < R'$ において，前述のコーシーの積分公式と同様にして

$$f(z) = \frac{1}{2\pi i}\int_{C_{R'}}\frac{f(\xi)}{\xi - z}d\xi - \frac{1}{2\pi i}\int_{C_{r'}}\frac{f(\xi)}{\xi - z}d\xi \quad (i = \sqrt{-1}) \quad (7)$$

を示すことができる．(7) の第 1 項 $= g(z)$ は $|z-a| < R'$ で正則な関数を表し，第 2 項 $= h(z)$ は $|z-a| > r'$ で正則，$|z| \to \infty$ の

とき 0 に近づく関数を表す．後者は $\tilde{h}(w) = h(a+1/w))$ とおくと $(w = 1/(z-a))$ $0 < |w| < 1/r'$ で正則であり，$\tilde{h}(0) = 0$ とおくと $z = 0$ でも正則になる．$f(z) = g(z) - h(z)$ であり，

$$g(z) = \sum_{k=0}^{\infty} c_k(z-a)^k, \quad \tilde{h}(w) = \sum_{m=1}^{\infty}(-c_{-m})w^m = -\sum_{m=1}^{\infty} c_{-m}/(z-a)^m$$

と展開できる．併せて (6) の形になる．

ここで特に $r = 0$，すなわち円板 $|z-a| < R$ から中心を除いた部分で $f(z)$ が正則としよう．すなわち $z = a$ が $f(z)$ の孤立特異点とする．そのときには $\tilde{h}(w)$ の収束半径は ∞ であるが，多くは $\tilde{h}(w)$ が有限項である．もしも $\tilde{h}(w) = 0$ ならば $z = a$ は除去可能である．$\tilde{h}(w)$ が有限項で最大の次数が w^n であるとき，n 位の極とよぶ．このときは $z \to a$ のとき $|f(z)| \to \infty$ となる．$\tilde{h}(w)$ のベキ級数が無限項あるときは真性特異点とよばれ，その付近での $f(z)$ の挙動は複雑である．しかしいずれにしても $z = a$ の周りの小円周に沿う積分値は

$$2\pi i c_{-1}, \quad c_{-1} = 留数$$

である．これを留数の定理という．

留数を一般的に (特に真性特異点のとき) 求めるにはローラン展開によるしかないが，$z = a$ が 1 位の極のときには，

$$e_{-1} = \lim_{z \to a}(z-a)f(z) \tag{8}$$

と容易に計算できる．$f(z) = p(z)/q(z); \; p(a) \neq 0, \; q(a) = 0$ で $q(z) = (z-a)\tilde{q}(z), \; \tilde{q}(a) \neq 0$ のときには，$c_{-1} = p(a)\tilde{q}(a) = p(a)/q'(a)$ と簡単に計算できる．この注意も古くから知られていて有用なのに，案外普通の教科書に載っていないのが奇異に感じる．

正則関数の性質としては，このほかにもまだ零点の構造，一致の定理，鏡像の原理など多くの重要な事実がある．それら

が複素関数論の中核である．しかし以下の解説には一応上述の諸性質で十分と思う．

展開中心が分岐点のとき，分数指数の累乗の級数で展開するピュイズー級数などコーシーの晩年に次々と発展があった．複素関数論自体も1850年代以降，リーマンとワイエルストラスによって多くの修正整備がされた．上記に断片的に名を挙げたイタリア・フランスの数学者達の寄与も多い．それらは「コーシーの数学」を超えるのでこれ以上触れないが，最後に重要な応用として留数解析を解説する．

5.5 留数解析

留数解析とは留数を活用する諸理論である．コーシー自身も1829年頃からこの語を使っている．現在では大別して次の諸方面が考えられている．
　1°　ある種の定積分の計算．
　2°　ある種の級数の求和（無限乗積などをも含む）．
　3°　関数の零点（方程式の解）の存在証明やその近似値の計算．

この2°，3°にも興味深い題材が多い．特に3°に関するルーシェの定理は実用上有用である．しかしそれらは比較的近年の発展であり，多少の準備を要するので，ここではコーシー自身が直接に関与した1°だけを述べる．

コーシーが複素関数を考えた一つの動機が，定積分の統一的計算法であったのは事実と思われる．原始関数が計算できれば定積分は両端点での値の差として直ちに計算できるが，原始関数が初等関数で表されない定積分も実用上少なくない．それについても，個々に色々な技法によって計算されている．

留数による方法は確かに強力だが，決して万能でも最善で

もない．その理由はいくつかある．まず被積分関数が正則関数でなければならない．もっともこれは実用上ではたいした制約ではない．

それよりも本質的な課題は，留数定理が閉曲線に沿う積分を語るのに対して，実用上の定積分は開曲線に沿う積分であって，そのまま適用できない点である．そのためにいくつかの工夫がある．完全な分類ではないが一応いくつかの実例を示すと次のようになる．もちろんこの他多種多様の変形がある．

(i) 周期関数を一周期全体にわたって積分する場合には，これを複素数平面上の閉曲線に沿う積分に変換できることがある．

(ii) 適当な帰路を考える．

　(iia) 帰路の積分値が既知の場合，それから変形した他の積分を求める．

　(iib) 帰路に沿う積分が極限において 0 に近づくことを示す．

(iii) 累乗や対数などの多価関数については，うまく積分路をとって往復での差を活かす．

最もよく用いられるのはこの分類で (iib) の型である．これについて近年ある程度まとまった理論が提唱されている．

コーシーのこの方面の業績も演習書にあるようないくつかの典型例の提示である．この種の計算技法は個別の工夫が必要なことが多い．しかしいくつかの例を示して「以下同様に」では不親切と思う．ここでは (i), (iia) に各 1 例，(iii) は対数関数と累乗に各 1 例を挙げ，最も重要な (iib) には一般的な定理を 2 個示すことにする．

(i) の例　$a > 1$(定数) として $\int_0^{2\pi} \dfrac{d\theta}{a + \cos\theta}$ を求める．
$z = e^{\theta\sqrt{-1}} = \cos\theta + \sin\theta\sqrt{-1}$ ($|z| = 1$) とすれば，単位円周 $|z| = 1$ を正の向きに一周する閉曲線を C として所要の積分は

第 5 章　コーシーの数学 (3)——複素関数論　155

$dz = \sqrt{-1}zd\theta$ から

$$\int_C \frac{-\sqrt{-1}dz}{z[a+(z+z^{-1})/2]} = -2\sqrt{-1}\int_C \frac{dz}{z^2+2az+1}$$

に等しい．被積分関数の極は $-a+\sqrt{a^2-1}$, $a+\sqrt{a^2-1}$ だが，平方根を正にとれば前者が単位円内，後者が単位円外にある．前者での留数は

$$\frac{1}{2(z+a)} \text{ の極での値 } = \frac{1}{2\sqrt{a^2-1}}$$

であり，積分値はこの $2\pi\sqrt{-1} \times (-2\sqrt{-1}) = 4\pi$ の $2\pi/\sqrt{a^2-1}$ である．

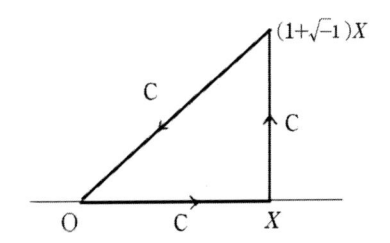

図 5.7　直角二等辺三角形の積分路

(iia) の例　$e^{-z^2/2}$ を $0, X(>0), (1+\sqrt{-1})X$ を頂点とする直角二等辺三角形の周を正の向きに一周する積分路 C に沿って積分すれば，コーシーの積分定理から値は 0 である．C を底辺，右の辺，斜辺に分けて順次 C_1, C_2, C_3 と表すと

$$\left(\int_{C_1}+\int_{C_2}+\int_{C_3}\right)e^{-z^2/2}dz = 0.$$

ここで C_1 に沿う積分は $\int_0^X e^{-x^2/2}dz$ である．これが $X\to\infty$ のとき $\sqrt{\pi/2}$ に収束することは既知とする．C_3 上では $z=$

$(1+\sqrt{-1})x$ であり

$$\int_{C_3} e^{-z^2/2}dz = \int_X^0 (1+\sqrt{-1})e^{-\sqrt{-1}x^2}dx$$
$$= -(1+\sqrt{-1})\int_0^X (\cos x^2 - \sqrt{-1}\sin x^2)dx$$

に等しい．C_2 上では $z = X + \sqrt{-1}y$ $(0 \leqq y \leqq X)$ と表され

$$-z^2/2 = (-X^2+y^2)/2 + \sqrt{-1}Xy,$$
$$|e^{-z^2/2}| = e^{-(X^2-y^2)/2} \leqq e^{-(X/2)(X-y)}$$

なので

$$\left|\int_{C_2} e^{-z^2/2}dz\right| \leqq \int_0^X e^{-(X/2)(X-y)}dy = \frac{2(1-e^{-X^2/2})}{X} < \frac{2}{X}$$

と評価され，$X \to \infty$ とすれば 0 に収束する．したがってこれらをまとめて

$$(1+\sqrt{-1})\int_0^\infty (\cos x^2 - \sqrt{-1}\sin x^2)dx = \sqrt{\frac{\pi}{2}},$$
$$\text{これから} \quad \int_0^\infty \cos x^2 dx = \int_0^\infty \sin x^2 dx = \frac{1}{2}\sqrt{\frac{\pi}{2}}$$

を得る．この最後の結果をフレネル積分という．

(iii) の対数関数の例 $\int_{-\infty}^\infty \frac{\log\sqrt{x^2+a^2}}{1+x^2}dx$ (a は正の定数) を考える．

原点を中心とし半径 X の上半円の周を C とし，底辺 (実軸上の区間) を C_1，半円周上を C_2 とする．$\int_C \frac{\log(z+ia)}{1+z^2}dz$ を考える．上半円内の極は $z = i(=\sqrt{-1})$ のみであり，そこでの留数は $\log[i(1+a)]/2i$ である．$X > 1$ ならばこの線積分は

$$2\pi i[\log(1+a) + \log i]/2i = \pi\log(1+a) + \pi\log i$$

に等しい．半円周上では $|z+ia| \leq X+a$, $|\log(z+ia)| \leq \log(X+a)+\pi$ であり，|分母| $> X^2/2$, 積分路の長さ πX で $\lim_{X \to \infty} \log(X+a)/X = 0$ から $X \to \infty$ のとき C_2 に沿う積分は 0 に近づく．上の積分の実部をとれば，x が実数のとき

$$\operatorname{Re}[\log(x+ia)] = \log \sqrt{x^2+a^2}$$

であり，$\log i$ は純虚数だから，実数部をとって次の結果をえる

$$\int_{-\infty}^{\infty} \frac{\log \sqrt{x^2+a^2}}{1+x^2} dx = 2\int_0^{\infty} \frac{\log \sqrt{x^2+a^2}}{1+x^2} dx = \pi \log(1+a).$$

ここで 0 から ∞ の積分について $a \to 0$ とすると，$\log x$ は $x=0$ において特異点をもつが積分は収束するので，極限値は $a=0$ とおいた値に等しく次のようになる：

$$\int_0^{\infty} \frac{\log x}{1+x^2} dx = 0$$

但しこれは $[0,1], [1,\infty]$ に分けて，後者で $1/x$ を x と置換してもえられる．□

(iii) の累乗の例　　$0 < \alpha < 1$ を定数とし

$$\int_0^{\infty} \frac{x^{\alpha-1}}{1+x} dx = \int_0^{\infty} \frac{x^{\alpha}}{x(x+1)} dx$$

を考える．$|z|=r$ の周を正の向きに廻る積分路を C_r で表す．

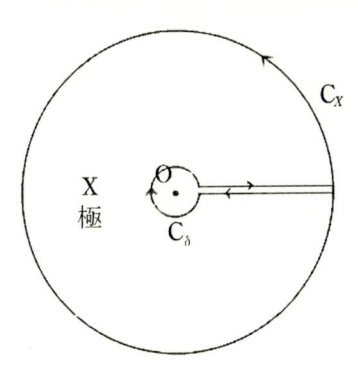

図 **5.8**　同心円と橋渡し

$0 < \delta < 1 < X$ をとり δ と X とを線分で結んで C_δ と C_X の橋渡しとする．これに沿う線積分は

$$\int_{C_X}\frac{z^\alpha}{z(z+1)}dz - \int_{C_\delta}\frac{z^\alpha}{z(z+1)} + \text{区間 } [\delta, X] \text{ 上の積分}$$
$$= 2\pi i \times (-1) \text{ での留数 } = -2\pi i e^{i\pi\alpha} \quad (i = \sqrt{-1})$$

である．ここで C_δ, C_X 上の積分はそれぞれ

$$\delta^{\alpha-1} \cdot 2\pi\delta = 2\pi\delta^\alpha; \quad X^{\alpha-2}2\pi X = 2\pi/X^{1-\alpha}$$

以下なので，$\delta \to 0, X \to +\infty$ とすればともに 0 に近づく．区間 $[\delta, X]$ 上の積分は，$z^\alpha = \exp(\alpha \cdot \log z)$ から上下で $\exp(2\pi i\alpha)$ 倍の差があり，

$$-2\pi i e^{i\pi\alpha} = (1 - e^{2\pi i\alpha})\int_0^\infty \frac{x^\alpha}{x(1+x)}dx$$

である．したがって

$$\int_0^\infty \frac{x^\alpha}{x(1+x)}dx = \frac{-2\pi i e^{\pi\alpha i}}{1 - e^{2\pi\alpha i}} = \frac{\pi}{\sin(\pi\alpha)}$$

をえる．この左辺は変数変換するとガンマ関数により $\Gamma(\alpha)\Gamma(1-\alpha)$ と表される．結果的にこれはガンマ関数の乗法公式の一つの証明である．

(iib) の例 1°　$f(x)$ が有理関数 $p(x)/q(x)$ で，分母が実の零点をもたず $\deg p \leqq \deg q - 2$（deg は次数）ならば

$$\int_{-\infty}^\infty \frac{p(x)}{q(x)}dx = 2\pi i \times (\text{上半平面にある極の留数の和}).$$

これは原点中心半径 X の十分大な上半円の周に沿って積分し，半円周上での積分が $M \cdot X^{-2} \cdot \pi X = \pi M/X$（$M$ は定数）以下な

ので $X \to \infty$ のとき 0 に近づくことを示せばよい.具体例として

$$\int_{-\infty}^{\infty} \frac{dx}{1+x^2} = \pi, \quad \int_{-\infty}^{\infty} \frac{dx}{1+x^4} = \frac{\pi}{\sqrt{2}}$$

などがある.但しこの例は不定積分が初等関数で計算できる.これよりも次の結果が重要である.

例 2° $f(x)$ が有理関数 $p(x)/q(x)$ で,分母が実の零点をもたず,$\deg p \leq \deg q - 1$ ならば,定数 $\alpha > 0$ に対して

$$\int_{-\infty}^{\infty} e^{i\alpha x} \cdot \frac{p(x)}{q(x)} dx = 2\pi i \times (\text{上半平面での極の留数の和}).$$

これも次数の差が 2 以上なら例 1° と同様にできる.差が 1 のときも同様に可能だがそのままでは半円周上の積分の評価が技巧的になる.そのときにはむしろ積分路を実軸上の区間 $[-Y, X]$ (X, Y は独立の十分大な正の定数) を一辺とする上半平面内の正方形の周にとるほうがよい (図 5.9).上の辺上の積分の絶対値は,$p(x)/q(x)$ から定まる定数 M により

$$Me^{-\alpha(X+Y)} \cdot \frac{X+Y}{X+Y} = Me^{-\alpha(X+Y)}$$

以下である.右左の辺上の積分の絶対値はそれぞれ

$$\frac{M}{X}\int_0^{X+Y} e^{\alpha y}dy < \frac{M}{\alpha X}, \quad \frac{M}{Y}\int_0^{X+Y} e^{-\alpha y}dy < \frac{M}{\alpha Y}$$

以下である.これらはすべて X, Y を独立に $\to \infty$ としたとき 0 に近づく.□

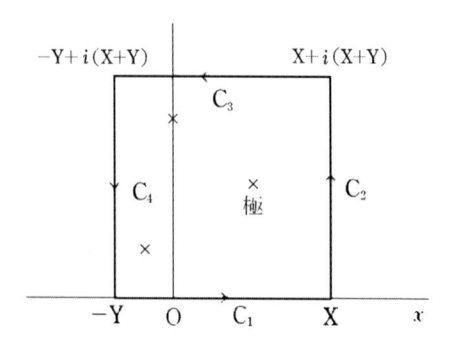

図 **5.9** 正方形に沿う積分路

ここで $\int_{-\infty}^{\infty}$ は $\lim_{X,Y \to +\infty} \int_{-Y}^{X}$ (X, Y を独立に動かす) を意味する．この広義 (変格) 積分が収束することがわかれば $\lim_{X \to \infty} \int_{-X}^{X}$ と計算して差し支えない．しかし上記のように半円でなく正方形を使えば，その一般的な収束性をも含めて証明したことになるので，このほうを勧める．

具体例として，$\alpha > 0$ のとき

$$\int_{-\infty}^{\infty} \frac{e^{i\alpha x}}{1+x^2} dx = 2\pi i \frac{e^{ii\alpha}}{2i} = \pi e^{-\alpha}$$

あるいはその実部をとって $\int_{-\infty}^{\infty} \frac{\cos \alpha x}{1+x^2} dx = \pi e^{-\alpha}$ を得る．

しかしそれよりも興味深いのは $\int_{0}^{\infty} \frac{\sin x}{x} dx = \frac{\pi}{2}$ である．$p(x)/q(x) = 1/x$ とすると，実軸上に $x=0$ という 1 位の極がある．このときそこでの積分の主値をとるとそこでの留数は半分になって現れ

$$\text{v.p.} \int_{-\infty}^{\infty} \frac{e^{ix}}{x} dx = \frac{2\pi i}{2} \cdot 1 = \pi i$$

をえる．これは 1 位の極 0 を小さい半径 δ の下半円でよけて計算し，後に $\delta \to 0$ としても示すことができる．ここで積分

を正と負の区域に分けて，負の方は $-x$ を x と書き換えると

$$\lim_{\delta \to 0} \int_{-\infty}^{\infty} \frac{e^{ix} - e^{-ix}}{x} dx = 2i \int_{0}^{\infty} \frac{\sin x}{x} dx = \pi i$$

から，所要の結果をえる．

　コーシー自身は主値積分を細心の注意を払って計算している．それなりに面白いが，今日では極を小円でよけて通り，後にその小円の半径を 0 に近づけるという形で統一的に扱うのが標準である．

　以上の例のすべてが必ずしもコーシー自身に負うものではない．またこの種の計算技法は個々に色々な工夫を要する場合が多い．しかし「留数解析」という一般的手法を開発したことはコーシーの大きな業績といってよい．

　コーシーは超幾何関数・楕円関数・ゼータ関数など複素関数としての考察が不可欠な具体的関数をもたず，もっぱら一般論に終始したためにかえって諸事実の発見が遅れたという意見がある．一面の真を突いているが，コーシー自身も楕円関数に関する研究をしているし，また必ずしも理論が実例に先行するのが不適切ともいえないと思う (多変数解析関数の歴史はそれに近い)．コーシー自身による複素関数論は創業者の常としてなお未熟な面が多い．晩年まとめようとして果たせなかったのは残念である．その意味でこの章は前 2 章以上に現在の立場からの解説が重きを占めたが，その点を御理解頂きたい．

第6章　その他の業績抄

はしがきでも述べたように本章は断片的である．筆者の興味に偏っていてコーシーの数学の残りすべてには程遠いことを了承してほしい．

6.1　多面体

コーシーの処女論文は後の成果とは縁が薄い多面体の研究、特に星形正多面体の決定である．その目的に3次元空間の回転群の有限部分群を決定するという興味深い成果が含まれている．ただこれは若干時期尚早の感があり，40年余り後になって結晶学者達によって再発見され，今日の結晶群としてまとめられた．

正多面体がいわゆるプラトンの立体5種に限ることは，古代ギリシャ時代に知られていた．ユークリッドの『原論』第13巻は5種の正多面体が実際に構成できることを論じた内容である．但し一時期主張されたような「原論は正多面体の構成を目標に書かれた」という説は，現在では否定されている．

しかし正多面体という概念を拡張すれば，他にも「正多面体」とよんでよい図形がある．そもそも正多面体とは，各面が互いに合同な正 p 角形から成り立つだけでなく，各頂点の頂点形（その頂点を隣点と結んでできる角錐）が互いに合同な正 q 角錐であるという条件が不可欠である．近年あわて者（？）が正三角錐を2個合せた図形を「正六面体」と誤ってよぶことがあるそうだが，この図形は頂点形の合同条件を満た

さない（三角錐と四角錐が混在）ので正多面体ではない．「正六面体」は立方体以外の図形ではない．

p, q が整数の場合，上述のような正多面体ができるための必要条件は
$$\frac{1}{p} + \frac{1}{q} > \frac{1}{2} \quad (p, q \geqq 3)$$
であり，これを満たす (p, q) の組は周知の5通りしかない．そのうち (q, p) は (p, q) の相反正多面体である．但しこれは必要条件にすぎず，その5通りがすべて実現可能であるという十分条件をも証明しなければ「正多面体が5種あってそれだけに限る」とは結論できない．

ところが星形正多角形を正有理数角形と解釈すると別の「正多角形」ができる．特に星形五角形は正 5/2 角形と解釈できる．実際 (5/2, 5) と表される小星形十二面体と，(5/2, 3) と表される大星形十二面体とをケプラーが発見している（1611）．

しかし現在では我々の眼には上記の両星形十二面体とそっくりに見える図形（図 6.1）が既に 15 世紀中頃（ケプラーから 150 年余り前）の数学書や芸術書に載っている例がある．教会の塔の上に星形の飾りとして作られた例もある．

とするとケプラーの「発見」とはおかしいという文句が出そうだが，これは次のように解釈するのが穏当と思う．ケプラーは図形そのものでなく「概念」を発見した．すなわち奇妙な図形として以前に知られていた星形多面体を正多面体の一種と解釈した．それは正 (5/2) 角形（星形正五角形）を面とし，頂点形が正五角錐あるいは正三角錐なので，面が見掛け上入りくんでいるが，前述の定義に則って「星形正多面体」と見なすことができる．そういった事実をケプラーが発見したという次第だが，これは立派な「発見」である．

小星形十二面体　　　　大十二面体

大星形十二面体　　　　大二十面体

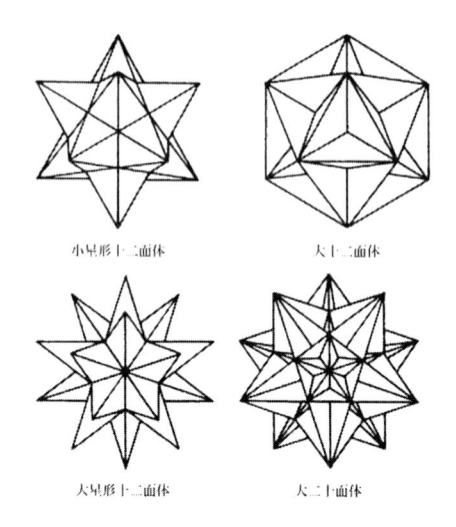

図 6.1　星形正多面体（ケプラーポアンソの多面体）

　余談だがアインシュタインが受けたノーベル賞（1921）は光電効果（光量子仮説）に対してだった．これを彼が「光電効果（金属に光を当てると電子が飛び出す現象）を発見した」と誤って説明している本があった．光電効果自体は実はその数年前から知られていた．問題になったのは当時の定説だった光の波動説の立場ではそれに関わる諸現象が説明できなかった点である．アインシュタインは光をエネルギーの塊（光量子）と考えれば光電効果の謎がすべて合理的に説明できることを喝破したのである．これも現象自体の発見とその解釈の発見とを区別して理解を要する一例である．

　ついでながら（5/2, 4）という星形正多面体がないのか，ないのならなぜかが気になる．それは不可能なのだが，理由は次の通りである．星形正五角形を 4 枚集めて頂点形が正四角錐になる立体を作り始めることは可能である．しかしそれは完成しない．そのような操作を続けると次々に新しい頂点が

現れ，近似的な立体もどきはできても，厳密な有限面の正多面体としては永久に完結しなくなるのである．

他方今から見ると奇妙なことに，ケプラーはその相反正多面体 (3, 5/2) (5, 5/2) に気づかなかった．これは正三角形あるいは正五角形を，頂点の所では5枚ずつ一つおきに星型に組み合わせてできる正多面体であり，それぞれ大二十面体，大十二面体とよばれている．一説によると，ケプラーが正多面体を研究したのは太陽系の6惑星（当時知られていた水，金，火，木，土の各星と地球）の軌道半径を正多面体の外接球と内接球の比で説明しようとしたためという．これはこじつけにすぎず，特に正十二面体と正二十面体をあてはめた火星－地球，地球－金星は大きくくい違っていた．ケプラーはこれを不満とし，いろいろ別な立体を探したという（図6.2）．

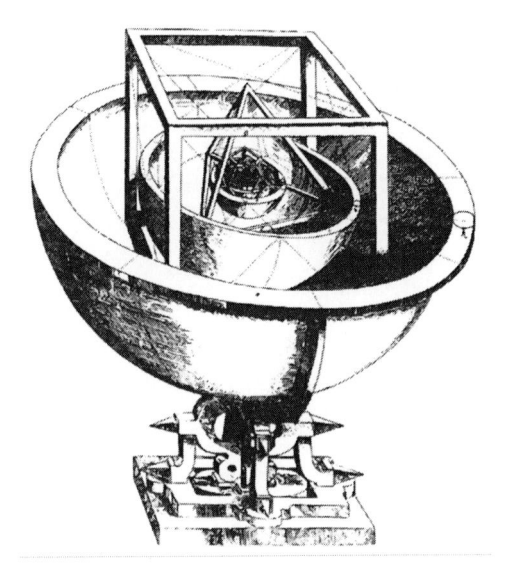

図 **6.2** ケプラーの天体の図

一時小星形十二面体 (5/2, 5) の外接球と内接球の比 ($\sqrt{5} : 1$)

がたまたま火星－金星の軌道半径の比とよく合うことに気づいて，それに置き換えようとしたともいう．しかしそれでは地球を除外し天動説に逆戻りになる．相反正多面体の外接球・内接球の半径の比はもとの正多面体の場合と同じになるので，改めて調べても仕方がないとあきらめたという説である．

真相はわからない．ともかく大十二面体は図形としては18世紀中頃には知られていたが，2種の星形正多面体 (3, 5/2) と (5, 5/2) は，ケプラーから200年余り後の1809年にポアンソによって正式に発見された．大二十面体は図形そのものもこのときに初めて発見されたものらしい．

問題は星形正多面体がこの他にもあるか？である．それがケプラー・ポアンソの4種に限ることは，今日ではいろいろエレガント（？）な証明ができている．1947年にカナダ数学会が設立された折に，発起人の一人であるコグゼターが「9種の正多面体」という意表をついた（？）記念講演をしている．正多面体は5種と思い込んでいた聴衆に，星形正多面体がさらに4種あること，そしてそれ以外にないことを解説した名講演だったという．

前置きが長くなったが，この問題に鮮やかな解答を与えたのが若いコーシーである．第1章で述べた通り，シェルブール港の工事中健康を害して一時帰郷した折に (1811)，ラグランジュから示唆されたというのだが次のように考えた．今日の用語を使うと，彼は「3次元空間の回転群の有限部分群」を完全に決定したのである．結論をいうとそれは次のいずれかである．

1軸の周りの (360°と有理比の) 回転からなる巡回群

上記の巡回群に軸の上下反転を加えた二面体群

正多面体の自己同型変換群：正四面体群，正八面体群，正二十面体群

このうち真に3次元的なのは最後の3種である．正六面体群，正十二面体群がないのは，相反正多面体の自己同型変換群がもとの正多面体のものと同型になるからである．

さて星形正多面体もその自己同型変換群は3次元空間の回転群の有限部分群だから，上記のどれかに限る．しかし巡回群や二面体群に属する図形は，単に星形正多角形に「厚み」をつけた形であり，真の多面体とはいい難いから除外する．正四面体群，正八面体群に属するものがあれば，それはおのおのの正多面体の「星形化」だが，星形三角形や星形四角形が存在しないので無意味である（立方体の一つおきの頂点をとって正四面体2個が組合さった図形を数える場合もあるが，それは「複合多面体」であって真の星形多面体ではない）．結局正二十面体群に属する図形しかあり得ない．こう考えると$(5/2, 4)$が不可能なこともはっきりする．そのような図形があれば，自己同型変換群中に5回回転対称軸と4回回転対称軸が共存する．そのような群は無限群になるので，もとの図形も有限面の多面体ではあり得ない．

結局星形正多面体はその要素のp, qに分数を入れても5/2しか許されない．残る課題は自己相反になる$(5/2, 5/2)$の不可能性である．コーシー自身は直接にこれを構成して不可能な（無限面になる）ことを証明した．今日ではその不可能性にもっと簡潔な「理論的」証明もある．

ともかくこれで星形正多面体は前述の4種しかないことが確定した．その証明に変換群を活用したのは重要な着想だった．但し上記の有限部分群の決定は「時期尚早」でしばらく忘れ去られ，1850年頃に再発見された．

多面体に関するコーシーの業績はそれよりも凸多面体の剛性を示した結果（1813）が重要かもしれない．これこそコーシーの「幾何学」分野での最大の業績という人さえある．

余り知られていない話題だが，多面体の「相等」についてユークリッドの『原論』第 11 巻で 2 個の相異なる（ことが今日では確定している）定義が混用されていて，しばしば論争の種になった．その一つは重ね合せることができるという意味での**合同**である．もう一つは今日では化学の用語を借用して**立体異性体**とよばれているが，同じ結合関係をもつ同一の展開図で表される多面体である．各面の多面体内の相対的位置関係は同一だが，空間内の位置関係が異なる（ことがある）ものである．合同なら立体異性体だが逆は必ずしも成立しない．特に面をそのままにして全体を変形することができる柔構造多面体があり，その変形体は立体異性だが合同ではない（もっともその存在自体が大問題だった）．

　コーシーは「閉凸多面体は剛体的である」こと，したがって凸多面体どうしが立体異性なら合同であることを証明した（1813）．これは 2000 年間の懸案課題だったから，その論文審査に当ったルジャンドル・カルノー・ビオの間で白熱的な議論があったという．結局それが正しいと判定された審査報告が出て出版された．この論文は高く評価され，19 世紀の幾何学書にしばしば紹介された．確かに難解な準備がいらず，独創性と巧妙さと洞察力が評判になるだけの内容であった．

　但しコーシー自身はその後多面体の研究からは遠ざかった．しかも百年以上たった 1930 年代になって，コーシーの証明に小さい欠陥のあることがわかった．それは頂点を変化させるときに各頂点ごとに変化させればよいという部分で，途中の変形中に面が凸多角形のままである必要があるのに，それが必ずしも保証されていないという点である．

　但しコーシーの結果が誤っていたのではない．この事実に気づいたシュタイニッツは，大変手間のかかる長い議論の後，この欠陥を修正して結果は正しいことを再証明した．現在で

は多角形の辺の数に関する帰納法によって，もう少し簡潔な証明ができている．この例は重要な結果の証明中の小欠陥が，意外に長い間気づかれなかった一例である（結果は正しかったからよかったものの）．

ところで空間内の閉図形は剛体的であるか？これはオイラーの剛体性予想（1766）として知られている．現在では「ほとんどすべての」多面体はそうだが，しかし「反例」もある（コネリー，1975）ことがわかっている．面が自己交叉する柔軟多面体は19世紀に知られていたが，コネリーのは自己交叉のない真の柔軟多面体である．但しこの柔軟多面体は変形中に体積一定である．そして体積が変わる変形をする柔軟多面体が存在しない（蛇腹予想とよばれた）ことも現在では証明されている（1997）．

この種の近年の成果はコーシー自身も思いもよらなかった結果であり，そこまで述べたのは少々逸脱したかもしれない．またコーシーが初期にこのような研究をして評判になったということも，今ではほとんど忘れられている．これらは「コーシーの数学」における一つの遊歩道であろうか？

6.2　初等代数学

初等代数学でのコーシーの業績としてなじみの深いのは，いくつかの不等式の証明である．特にコーシー・シュワルツの不等式と，相加平均・相乗平均の不等式のコーシーによる証明が有名である．これらはごく初等的だが念のために述べておく．

コーシー・シュワルツの不等式は後に（1885）シュワルツが積分の場合に拡張したのでこの名がある．但しロシアのブニャコフスキが1859年に同じ結果を得ていたが，西欧に知ら

れたのはずっと後である．最初のコーシーのは有限和である．

コーシーの不等式：$a_1,\cdots,a_n;b_1,\cdots,b_n$ を正の数とするとき

$$(a_1^2+\cdots+a_n^2)(b_1^2+\cdots+b_n^2) \geqq (a_1b_1+\cdots+a_nb_n)^2$$

が成立し，等号は $a_1:b_1=a_2:b_2=\cdots=a_n:b_n$ に限る．

$n=2$ ならば

$$(a_1^2+a_2^2)(b_1^2+b_2^2)-(a_1b_1+a_2b_2)^2$$
$$=a_1^2b_1^2+a_1^2b_2^2+a_2^2b_1^2+a_2^2b_2^2-a_1^2b_1^2-2a_1b_1a_2b_2-a_2^2b_2^2$$
$$=a_1^2b_2^2+a_2^2b_1^2-2a_1b_2a_2b_1=(a_1b_2-a_2b_1)^2 \geqq 0$$

と変形して証明できる．$n=3$ でも同様の変形で証明できるし，n に関する数学的帰納法によって証明することもできる．

コーシー自身の最初の証明もその方式である．しかし一般の場合は次のように考えるのがよい．

t を実変数とすると $(a_1t+b_1)^2=a_1^2t^2+2a_1b_1+b_1^2 \geqq 0$ である．これを各 $(a_kt+b_k)^2$ に適用して全部を加えれば

$$(a_1^2+\cdots+a_n^2)t^2+2(a_1b_1+\cdots a_nb_n)t+(b_1^2+\cdots+b_n^2) \geqq 0$$

である．これを t の 2 次式と考えると，つねに正または 0 であるのは判別式が

$$(a_1b_1+\cdots+a_nb_n)^2-(a_1^2+\cdots a_n^2)(b_1^2+\cdots;b_n^2) \leqq 0$$

であるときに限る．これが所要の不等式である．等号は特別な t の値で a_kt+b_k $(k=1,\cdots,n)$ が一斉に 0 になるときに限る．それは比 $a_k:b_k$ がすべて同一のときに限る．□

おなじみの証明であるが，改めて鑑賞するとよい．積分の場合もほぼ同様である．

相加平均・相乗平均の不等式には多数の巧妙な証明がある．コーシーの証明が必ずしも最良とはいえないかもしれないが，巧妙な方法と思う．

相加平均・相乗平均の不等式：$a_1, \cdots, a_n$ を正の数とするとき

$$\sqrt[n]{a_1 \cdots a_n} \leqq \frac{a_1 + \cdots + a_n}{n}$$

が成立する．等号は $a_1 = \cdots = a_n$ のときに限る．

コーシーの証明： まず $n = 2$ のときを示す．

$$\frac{a_1 + a_2}{2} - \sqrt{a_1 a_2} = \frac{1}{2}[(\sqrt{a_1})^2 + (\sqrt{a_2})^2 - 2\sqrt{a_1}\sqrt{a_2}]$$
$$= \frac{1}{2}(\sqrt{a_1} - \sqrt{a_2})^2 \geqq 0$$
$$= 0 \text{ は } a_1 = a_2 \text{のときのみ}$$

である．次に $n = 2^k$ $(k = 1, 2, \cdots)$ の場合を k に関する帰納法によって示す．$n = 2n'$ $(n' = 2^{k-1})$ とおく．$n' = 2^{k-1}$ 個のときは証明できたとする（帰納法の仮定）．したがって

$$\sqrt[n']{a_1 \cdots a_{n'}} = G_1 \leqq \frac{a_1 + \cdots + a_{n'}}{n'} = A_1,$$
$$\sqrt[n']{a_{n'+1} \cdots a_{2n'}} = G_2 \leqq \frac{a_{n'+1} + \cdots + a_{2n'}}{n'} = A_2$$

が成立する．ところが

$$G = \sqrt[n]{a_1 \cdots a_n} = \sqrt{\sqrt[n']{a_1 \cdots a_{n'} a_{n'+1} \cdots a_{2n'}}} = \sqrt{G_1 G_2}$$
$$A = \frac{a_1 + \cdots + a_n}{n} = \frac{1}{2}\left(\frac{a_1 + \cdots + a_{n'}}{n'} + \frac{a_{n'+1} + \cdots + a_{2n'}}{n'}\right) = \frac{1}{2}(A_1 + A_2)$$

であり，上述の仮定と 2 個の場合の結果から

$$G = \sqrt{G_1 G_2} \leqq \frac{G_1 + G_2}{2} \leqq \frac{A_1 A_2}{2} = A$$

である．等号はすべての $\leqq$ が等号のときで $a_1 = \cdots a_{n'}$，$a_{n'+1} = \cdots = a_{2n'}$ かつ $G_1 = G_2$ のとき，すなわち $a_1 = \cdots = a_n$ のときに限る．

一般の n 個のときは，$2^{k-1} < n \leqq 2^k = m$ である k をとる．$n = m$ なら証明できているから $n < m$ とする．$a_1, \cdots, a_n$ の相

乗平均を G とし，これに $a_{n+1} = \cdots = a_m = G$ をつけ加えて，$m = 2^k$ 個の場合を適用すると

$$\sqrt[m]{a_1 \cdots a_n \cdots a_m} = \sqrt[m]{G^n \cdot G \cdots G} = \sqrt[m]{G^m} = G$$
$$\leqq \frac{a_1 + \cdots + a_n + \cdots + a_m}{m} = \frac{n}{m} \cdot \frac{a_1 + \cdots + a_n}{n} + \frac{m-n}{m} G$$

である．G を移項して整理すると

$$\frac{n}{m} G \leqq \frac{n}{m} \cdot \frac{a_1 + \cdots + a_n}{n}, \quad \text{すなわち} \quad \sqrt[n]{a_1 \cdots a_n} \leqq \frac{a_1 + \cdots + a_n}{n}$$

をえる．等号は $a_1 = \cdots = a_n = G$ のとき，すなわち a_k ($k = 1, \cdots, n$) がすべて等しいときに限る．□

　個数を増やして簡単に証明できる場合に帰着させるという着想は面白い（もっともオイラーなどに類似例がある）．$n = 3$ の場合には直接に式変形

$$x^3 + y^3 + z^3 - 3xyz = (x + y + z)(x^2 + y^2 + z^2 - xy - yz - zx)$$
$$= \frac{1}{2}(x + y + z)[(x-y)^2 + (y-z)^2 + (z-x)^2] \geqq 0$$

を使う証明があるが，$n = 4$ の場合に帰着させるほうが早いかもしれない．この変形も昔は「常識」だったが，今では技巧的すぎるとしてほとんど教えられていない印象である．

　以上の諸結果は『教程』（代数解析）の付録第 2 章（色々な不等式といった内容）中にさりげなく書かれている．

　ところで初等代数学というべきかは疑問だが（全集では別の分類）このほか二項係数の諸公式や整数論に関する論文がいくつかある．そのすべてが必ずしもコーシーの独創とは限らないが，興味深い結果が多い．

　コーシーはシェルブールに滞在中 (1810-13) 着想をえて，パリに戻ってから 1815 年にフェルマの書き残した問題の一つ：すべての正の整数は n 個の n 角数の和として表される，に関

連する論文を提出した（但しその正式の発表は後の補注を入れて 1827 年になる）．これは $n = 4$ のときはラグランジュ，$n = 3$ のときはガウスが解決していたが，コーシーは一般の n の場合を $n = 4$ のときに帰着させて解決した．例えば $n = 3$ のときは，$8m + 3$ の形の正の整数は 3 個の奇数の 2 乗の和に表されるという命題と同値であって，実質的にラグランジュの研究中に含まれている（ガウスの証明はこれとは独立の発見）．コーシーのこの論文はその後の整数論の発展にはほとんど寄与せず忘れられたが，当時彼の名を有名にした．これによってフェルマの書き込み（予想）は，有名な「大定理」（最終定理）を残してすべて証明された．「最終定理」が真に最終的に 1995 年にワイルズによって解決されたことは，我々の記憶に新しい．

6.3　代数学の基本定理

いわゆる代数学の基本定理とは「代数方程式が複素数の範囲で必ず解をもつ」という結果である．デカルトなども言及しているが，これが自明な事実でなく，証明を要する事実と認識されたのは 18 世紀になってからのようである．

フランスではこれをダランベールの定理とよぶことが多い．実際ダランベールは n 次代数方程式が n 個より多くの解をもつことはないことを証明し，存在に対しても証明を試みている．しかそれは不完全だった．オイラーが「証明」を与えたが，それに対してラグランジュとガウスが不備を批判している．今日ではオイラーの証明は構成的で興味深いが不完全（ないしは誤り）であり，それを修正することは絶望的と考えられている．

この定理を初めて証明したのはガウスの学位論文（1798 年）

とされるが，現在の我々から見るとなお不備がある．ガウスの考え方は複素数値 z を代入したときの $p(z)$ の実部が 0 と虚部が 0 の両曲線が交わる（交点が $p(z) = 0$ である解）という論法である．そのために単一閉曲線（例えば円周）上に 4 点 A，B，C，D がこの順にあるとき，閉曲線で囲まれる範囲内で A と C，B と D とを結ぶ曲線は必ず互いにどこかで交わる（図 6.3），という事実を自明のこととして使用している．今日ではこれはジョルダンの閉曲線定理（単一曲線で囲まれた内部と外部の点とを結ぶ曲線は，必ずもとの単一閉曲線と交わる）によって証明できるが，この定理が定式化されて満足できる証明が与えられたのは 19 世紀の終り頃である（ガウスから 100 年後）．

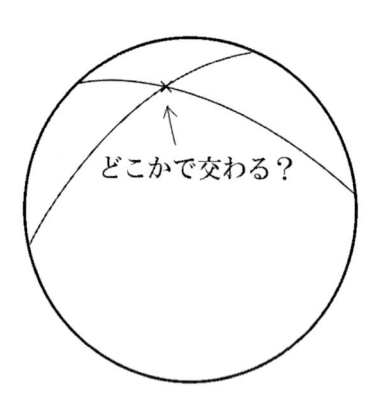

図 6.3 ガウスによる代数学の基本定理の証明原理

このガウスの方法は構成的であり，近年代数方程式の複素数解の近似計算用に再発見もされている．ガウス自身も論法の不備に気づいていたようで，後年別証明を工夫している．

少し以前の教科書では，以下に略述するコーシーの証明がもっとも簡潔なものとしてよく挙げられていた．n 次多項式

$p(z)$ が複素数平面上どこでも 0 にならなければ，$|z|$ が大きくなると $|p(z)|$ はいくらでも大きくなるので，有限の範囲に $|p(z)|$ が最小値をとる点 $z = z_0$ がなければならない（後述）．コーシーはその点 $z = z_0$ で $p(z)$ をテイラー展開しその剰余項の公式（『教程』にある）を使っている．これは実質的に $Z = z - z_0$ と変換して $p(z) = \tilde{p}(Z)$ と書き換えた変形に他ならないので，以下そのように考える．多項式の次数は不変なので，$\tilde{p}(Z)$ の係数がすべて 0 になることはない（少なくとも Z^n の係数は 0 でない）から，Z の累乗で整理して，

$$\tilde{p}(Z) = c_0 + c_m Z^m + c_{m+1} Z^{m+1} + \cdots + c_n Z^n$$
$$c_0 = p(z_0), \quad 1 \leqq m \leqq n, \quad c_m \neq 0.$$

と書くことができる．c_0 以外の項の和は

$$c^* = c_m Z^m \left(1 + \frac{c_{m+1} Z}{c_m} + \cdots + \frac{c_n Z^{n-m}}{c_m} \right) \tag{1}$$

と書くことができる．この後のかっこ内は $|Z|$ が十分に小さい（$|Z| \leqq \varepsilon$）ならば 1 にごく近い．したがって (1) 全体の値は $c_m Z^m$ にごく近い．$|Z| = \varepsilon$ として偏角を 0 から 2π まで原点の周りを一周させれば，$c_m Z^m$ は原点の周りを m 回まわる．したがって c^* も原点の周りを m 回まわり，任意の偏角の値をとり得る．

ここでもしも $c_0 \neq 0$ ならば，c^* が c_0 の偏角と反対 (180°ずれ) の偏角になるように Z をうまくとることができる．このとき $|c_0 + c^*| < |c_0|$ である．これは $z = c_0$ が最小値とした仮定に反する．すなわち $|c_0| = |p(z_0)| = 0$ でなければならない．□

　上述では定性的に述べたが，コーシー自身はテイラー展開の剰余項の評価から，実際に $c_0 \neq 0$ なら $|c_0 + c^*| < |c_0|$ である点を構成して，$z = c_0$ が最小値とした仮定に反すると詳しく論じている．

上記の証明中，|p(z)| がどこかで「最小値を実際にとる」という事実について，コーシー自身は自明な結果として深く言及していないので，この証明は不備という指摘もある．この結果は後にワイエルストラスが証明した．有界閉集合（今日の概念ではコンパクト集合）上で連続な実数値関数は必ずどこかで最大値あるいは最小値を実際に採る．それを補充すれば正しい証明である．

　今日では複素関数論を応用して，リューヴィルの定理（5.4 節参照）による証明が普及している．もしも多項式 $p(z)$ が 0 にならなければ逆数 $1/p(z)$ は複素数平面全体で正則である．しかも $|z|$ が大きくなると，$|p(z)|$ は $|z|^n$ 程度に大きくなるから，$|1/p(z)|$ は 0 に近づく．したがって $|1/p(z)|$ は複素数平面全体で有界になる．しかし複素数平面全体で有界な正則関数は定数に限るのでこれは矛盾である．□

　多分これが「最も簡単な」証明だろう．しかしそこに若干疑点が残る．「コーシーの数学」と直接に関連が薄いので簡単に述べるが，それはリューヴィルの証明のように「存在しないと仮定すると矛盾が起こる」という議論だけで「存在」証明になるのか，という論点である．

　今日の数学者の大半はこのような論法を受け入れており，これに疑問を呈する直観主義ないし構成主義の立場に固執する者は少数者のようである．そしてまたあくまで解をつくって見せるという「構成的証明」にこだわらず，このような「抽象的存在証明」を許容したことによって，数学が飛躍的に発展したことも事実である．しかし（筆者自身もそうだが）何となく後味の悪い思いが残るという方もいると思う．

　歴史的に見るとオイラーの証明は，今日では不完全とされるが，構成的（解の近似値を具体的に求める）方法だった．ガウスの最初の証明も実部=0 と虚部=0 の両曲線の交点を求め

るという形で構成的である．コーシーの証明も構成的といえないことはない．とてつもなく手間がかかるが，$|p(z)|$ が小さくなる方向に動いてゆけば，いつかはそれが十分に小さく，解と見なしてよい位置にたどりつけるからである．

今日このような議論を蒸し返す必要は薄い．ただ計算で実際に解を求めようという方向から，解が存在するか（あるいは一通りであるか）といった基本的性質を理論的に考えようという雰囲気が現れてきたのが 19 世紀初め（ガウスやコーシーの時代）以降であることは注目してよい．数学の歴史の流れで真に「革命」といえる現象は少ないようだが，この種の「意識革命」はたびたびあるようで，もっと注目してよいと思う．

ちなみに筆者自身が好きな証明は「回転指数」の考え（5.3 節）を活用する方法である．n 次多項式 $p(x)$ の定数項 $a_0 \neq 0$ とする（$a_0 = 0$ なら $x = 0$ が一つの解である）．円周 $|x| = r$（x は複素数）を $p(x)$ で写した閉曲線を C_r と記す．r が 0 に近ければこれは点 a_0 の近くにあり，0 の周りの回転指数は 0 である．他方 r が十分大なら C_r は大きな半径の円周を n 回廻る曲線に近く，0 の周りの回転指数は n である．r を変化させたとき回転指数は C_r が 0 を通らない限り，連続的に変化する整数値だから一定値である．しかし $0 \neq n$ だから，どこかで C_r が 0 を通る（すなわち $p(x) = 0$ である x がある）はずである．□

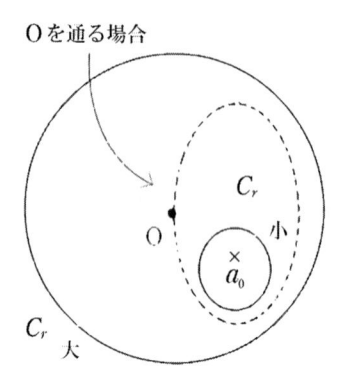

図 6.4 回転指数の変化

この方法も抽象的存在証明でなく，いろいろな r について C_r の回転指数を調べて，それが変化する位置を探せば解の近似値を求めることができるという意味で「構成的」である．

今日ではこの他にもっと「構成的」な証明が多数ある．どれが「よい」かは多分に好みの問題かもしれない．これもコーシーから逸脱したが，歴史的に有名な定理の色々な証明を眺めた一例である．

6.4 微分方程式

微分方程式論は解析学の一部であり，第 3 章か第 4 章で扱うべき話題の一つだが，それらとやや異質な面があるのでここで解説する．

コーシーは理工科学校で何度も微分方程式の講義をしたようである．それを教科書としてまとめることも何度か予告しているが，ついに刊行されなかった（2.2 節で述べたとおり近年その断片がまとめられている）．

微分方程式の分野でコーシーの名を冠する術語としては，解の存在証明の一つの方法であるコーシーの多角形法がある．以下の議論で条件をもっとゆるめることが可能だが，簡単のために（そして考え方の説明のために）次の形で述べる．これも実質的にはオイラーの発案だが，厳密な証明を考えたのはコーシーである．

微分方程式 $y' = f(x,y)$，初期条件 $y(x_0) = y_0$ を考える．今日この型の初期値問題をコーシー問題ということがある．$f(x,y)$ は (x_0, y_0) を含む範囲 $\{a \leqq x \leqq b, \ c \leqq y \leqq d\}$ で連続有界 $|f(x,y)| \leqq M$ とし，y について次のリプシッツ条件を課す：

$0 < L < 1$ である定数 L があって，上記の範囲内でつねに

$$|f(x,y_1) - f(x,y_2)| < L|y_1 - y_2|.$$

特に f が y について偏微分可能で偏導関数 $\partial f(x,y)/\partial y$ が連続で $|\partial f/\partial y| < L$ ならば，この条件が満たされる．さらに $M(b-x_0) < d - y_0, y_0 - c$ と仮定する．

このとき，$x_0 < x_1 < \cdots < x_n = b$ をとり，次のような折れ線を作る．

$x_0 \leqq x \leqq x_1$ で $y = y_0 + f(x_0, y_0)(x - x_0)$, x_1 での値を y_1,
$x_1 \leqq x \leqq x_2$ で $y = y_1 + f(x_1, y_1)(x - x_1)$, x_2 での値を y_2,
$\qquad\qquad\qquad\cdots$
$x_{n-1} \leqq x \leqq x_n = b$ で $y = y_{n-1} + f(x_{n-1}, y_{n-1})(x - x_{n-1})$,
x_n での値を y_n

$|f(x,y)| \leqq M$ としたからこの折れ線は $c \leqq y \leqq d$ の範囲にある．

ここでこの分割を細かくする（分点を増やし最大幅を 0 に近づける）と，この折れ線の族はある極限関数 $\varphi(x)$ に一様に収束することが証明できる．しかも（途中の折れ線はつなぎ目に角があって微分可能ではないにもかかわらず）極限関数 $\varphi(x)$ は各点で微分可能であり，$\varphi'(x) = f(x, \varphi(x))$, $\varphi(x_0) = y_0$

を満足する．すなわち $y = \varphi(x)$ が与えられた微分方程式の解である．しかも所要の解は一意的である（後述）．

　同じ方法を十分細かい分割で止めて，折れ線自体を近似解とする数値解法はオイラー法とよばれる．オイラー法自体は誤差が大きく，実用的な数値解法としては特別な場合以外にはほとんど使われない．しかしその誤差解析の理論はこの種の数値解法の基本である．そして各区間において複数点での右辺の関数値を組み合せたもっと精度の高い実用公式（例えばルンゲ・クッタ公式など）が多数研究されている．

　上記の定理の証明もかなり長くかかるがその方針は難しくない．各 x においてこのようにしてできる折れ線によるその点 x での値の集合が「基本列」をなして，ある値 $\varphi(x)$ に収束することをまず示す．次に $\varphi(x)$ への収束が一様収束であって極限関数 $\varphi(x)$ が連続であることを示す．最後にリプシッツ条件を活用して $\varphi(x)$ が微分可能であって $\varphi'(x) = f(x, \varphi(x))$ であることを示す．解の一意性は 2 個 $\varphi_1(x)$ と $\varphi_2(x)$ があったとして $\varphi_1(x_0) = \varphi_2(x_0)$ であり，$|\varphi_1(x) - \varphi_2(x)| \leq K$（有界）から

$|\varphi_1'(x) - \varphi_2'(x)|$
$= |f(x, \varphi_1(x)) - f(x, \varphi_2(x))| \leq L|\varphi_1(x) - \varphi_2(x)| < LK,$
これを積分して　$|\varphi_1(x) - \varphi_2(x)| \leq LK|x - x_0|,$
これを右辺に適用して $|\varphi_1'(x) - \varphi_2'(x)| \leq L^2 K|x - x_0|,$
積分して　$|\varphi_1(x) - \varphi_2(x)| \leq KL^2|x - x_0|^2/2$

以下これを反復して $|\varphi_1(x) - \varphi_2(x)| \leq KL^n|x - x_0|^n/n!$ ($n = 2, 3, 4, \cdots$) をえる．$n \to \infty$ とすれば右辺は 0 に近づき，$\varphi_1(x) = \varphi_2(x)$ である．□

　少し手間はかかるが，この議論を丁寧に進めると，連続関数に関する積分も微分方程式 $y' = f(x)$ の解として，この議論に含ませることができる．一例として $\left(1 + \frac{1}{n}\right)^n \to e$ は，微分

方程式 $y' = y$, $y(0) = 1$（解は $y = e^x$）にオイラー法を適用した特別な場合と解釈できる．このとき前記の諸条件は明らかに満たされる．区間 $0 \leqq x \leqq 1$ を n 等分して上記の折れ線近似を行えば，$x_n = 1$ での値 $y_n = \left(1 + \frac{1}{n}\right)^n$ である．$n \to \infty$ とすれば近似解が真の値 e に近づく．□

前に述べたモローの不等式から，この近似が余りよくないことも推察される．実際オイラー法による誤差（真値と近似値との差）は区間を n 等分したとき $1/n$ のオーダーである（区分数を倍にすれば誤差がほぼ $1/2$ になる，という意味で）．

少し前には微分方程式の理論で解の存在証明に立ち入る場合には，コーシーの多角形法が標準だった．しかしこの議論は（必ずしも難解とは思わないが）大変に手間がかかる（きちんと書くと 10 ページくらい）ので，近年ではほとんど扱われない．理論的基礎をきちんと進める折には，ピカールの逐次代入法，あるいはそれを抽象化した関数空間における縮小写像の不動点定理といった，もっと近代的な「関数解析的」な手法で講ずる場合が多い．それが「近代化」の方向であろう．

微分方程式に関連してコーシーの他の大きな業績は，ベキ級数による微分方程式の解の表現である．$y' = f(x, y)$ において，右辺の関数が 2 変数の解析関数であり，$\sum_{m,n} c_{mn}(x - x_0)^m (y - y_0)^n$ と表されるとき，$y(x_0) = y_0$ を満たす解を

$$y = y_0 + \sum_{k=1}^{n} a_k (x - x_0)^k, \quad y' = \sum_{k=1}^{\infty} k a_k (x - x_0)^{k-1}$$

の形に書いてもとの微分方程式に代入して係数 $a_1, a_2, \cdots$ を定めて近似解を求める．この手法そのものは微分積分学の誕生の頃から使われていた．しかし 18 世紀においては，係数列 $\{a_k\}$ が一通りに定まることを確認するのが限度であり，得られたベキ級数 $\sum_{k=1}^{\infty} a_k (x - x_0)^k$ が実際に収束して意味があることを確

かめることはほとんどしていなかった．それを明確に示したのがコーシーの業績である．級数の収束の延長として当然の配慮だが，実際に示した点を高く評価すべきである．

後にロシアの女流数学者コワレフスカヤが，偏微分方程式に対して同様の考察をしたので，今日コーシー・コワレフスカヤの定理とよばれている．

但し実用上ではこの方法は多くの人々が期待するほどには使われていない．係数を定める計算の手間は，コンピュータの発達によって軽減されたが，線型方程式（未知関数とその導関数が1次式で現れる）のような簡単な場合を除いて，えられるベキ級数の収束域が狭いのが致命的である．そのために初期値の近傍での解の性状の考察には有用だが，大域的な解の構造を見るのに向かないのが不便な最大の原因である．

その他コーシーには天体力学と関連して微分方程式の解の摂動の研究も多い．厳密に解ける微分方程式の解について，方程式が少し変化したときの解の小変化を調べる理論である．またアンペールらからの質問・討論を通して，コーシーの意味では収束しない形式的ベキ級数によって表される漸近展開式の研究もある．しかしこれらは後の研究の先駆的な役割を果たしたものの，当時には特筆すべき大成果にまでは到っていないという印象である．

解析学関係のコーシーの成果を詳しく調べれば，まだ珠玉の小品も乏しくない．しかし前の第3章に述べた解析学の基礎づけに関する大成果とは比較にならない感があるのでこれで止める．最後に応用数学の分野から一つの重要な話題を解説する．

6.5 弾性体とテンソル

第 1 章で述べたように，コーシーは学生時代に土木工学の基礎として力学を学んだ．改めて本格的にこの方面の研究にとりかかったのはパリ大学で力学の講義を始めた 1821 年以降である．

ニュートン以後当時の無限小解析を応用した力学は大いに発展した．ラグランジュの『解析力学』の初版が発行されたのは 1788 年である（改訂増補版は 1811）．それは質点系だけでなく，連続体の力学も含んでいた．

当初力学は変形しない物体（剛体）の力学を主としていたが，18 世紀には次第に変形する物体としての力学として，流体力学や弾性体の力学が研究されるようになった．いずれも物体を各点の周りでいくらでも細かい要素に分割できる連続体とみなし，その小分割体の平衡を考える．弾性体とは力が加えられたとき小変形を起こし，それが応力と呼ばれる内部の力を生み出して，もとに戻ろうとする力が働いて平衡に達するような物体である．振動する弦や膜の問題が簡単な例である．

この場合応力がどのように働くかのモデル化が第一歩である．非圧縮性の流体では張力はなく圧力が基本体積の表面に等方的に面に垂直に働く（平衡状態のとき）と仮定してよい．固体の弾性体でも当初そのように仮定されていたがコーシーはそれを疑った．彼は『弾性体および非弾性的な固体あるいは流体の平衡と内部の運動についての研究』という論文を発表した（1822）．

その前にナヴィエが自分の未発表の研究のコピーを何人かの関係者に配布し，コーシーも読んだらしい．彼は膨張・収縮によって生ずる応力と，たわみによって生ずる応力とを分離し，前者はそれが働く面につねに垂直と仮定していた．コー

シーはそれが必ずしも証明された事実ではないとし，この仮定を除いて研究を進め弾性体の基本方程式を得た．

ここでコーシーは新しい概念にぶつかった．3次元空間における力は方向量であってベクトルで記述できる．座標で表せば3個の成分で表示される．ところが弾性体の内部の応力は一点において面（3個の座標できまる）を定めるごとにそれに対する力がきまるといった形で，合計6個の量で表現される．式で表せば $\{a_{\mu\nu}\}$ の形となる．但し対称性 $\alpha_{\mu\nu} = \alpha_{\mu\mu}$ があるので合計6個の量になる．コーシーはこの新しい対象に対して，テンション（張力）という語からとって，テンソルという名をつけた（今日の言葉でいえば**2階対称テンソル**）．

実は同じようなことを物理学者のフレネルが考えていた．異方性のある媒質内を横波である光が通るとき，面に応じて力が定まるといった幾何学対象を記述する必要があった．フレネル自身は明快な数学的表現をもっていなかったようだが，フレネルと会話したコーシーはそれからヒントを得てテンソルの概念を得たらしい．

2階対称テンソルは二次形式であって図形的には二次曲面を表す．今日の線型代数の理論によれば，それは互いに直交する3本の主軸で表され，それから決まる主軸面に垂直な3個の主応力と3個の主変形に標準化できる．コーシーは当初この主応力が主変形に比例する場合を主に研究した．これは等方性をもつ固体に成立する状況で，多くの金属がこれに該当する．しかし多くの物質は異方性をもちこの仮定では十分でない．その場合には変形から応力を決定するためには $6 \times 6 = 36$ 個の弾性係数を決定する必要がある．

前記1822年の論文はまず「数学愛好会」の報告に短い要約の形で発表された（全集第2集第2巻に収録）．後に（1827年）『数学演習問題』の中で詳しい論文をいくつか発表してい

る（全集第2集，第7，8，9巻に収録）．発表が遅れたのは先輩ナヴィエに対する優先権を尊重したためといわれる．しかしコーシーはさらに同様の考えを「分子力学」の立場から熱学や光学にも応用しようとしたらしい．

その裏にはこれも後まで尾を引いた話題だが，連続体をどこまでも無限に細分できるという数学的モデルで扱ってよいのか，それともこれ以上細かく分けられない単位粒子（分子あるいは原子）の集まりと見るのかという対立があった．ラプラスとポアソンを初め当時のフランスの物理学者の多くは後者の考えに立っていた．もちろん分子や原子の細かい構造は気にせず，単に小さな粒で相互に遠方では遠くなると弱まる引力，ごく近くでは斥力（反発力）をもつと仮定した粒子集団であり，物理的諸性質をその相互作用から導こうとしたものである．

コーシーの弾性体の理論はこの流れには反する，連続体の考え方に立つものだった．しかし後には少なくとも等方性物質では分子力学の理論の方が実験に合うし，また表現に要する係数が少ないという理由で，分子力学の研究もしている．形而上学的な立場からも，物質がいくらでも細かく無限に分割できるというのはおかしいといった批判があり，いろいろ苦心の弁明を考えている．

今日の考えでは確かに現実の物質は有限個の分子・原子でできていて，数学的な連続体ではないことが明白である．それにもかかわらず連続体モデルに基づく微分方程式が非常によく当てはまるのは，いろいろの議論はあるものの次のような事情と考えられている．すなわち分子・原子は非常に小さいので，例えば数マイクロメートル程度の小部分をとれば，マクロの世界からは無限小と見なすことができる．しかしその内部にはなお非常に多数の分子・原子があって，ミクロの世

界から見れば十分に連続体と見なされる．$\varepsilon \to 0$ といっても本当に 0 に近づけるのでなく，このような中間のサイズで止めることによって，実質的に微分方程式が導入できる．だからこそそのようなモデルによって導入された微分方程式が実験とよく合うと考えられる．

したがってこのような解釈ができない場合，例えば非常に希薄な気体の流体力学や近年話題になっているナノサイズの物体に対しては修正が必要になる．実際にそのような場合の理論がいろいろと作られている．

ところでコーシーが導入した「テンソル」の概念は，その後形を変えて微分幾何学の有力な道具になった．特にアインシュタインが一般相対論の記述言語としてテンソル解析に基づくリーマン幾何学を活用したために大変に有名になった．今日ではテンソルはその原義を離れて，線型空間のテンソル積空間の要素として抽象化され，現代数学の重要な道具となっている．それらはコーシー自身の直接に与かり知らぬ世界かもしれないが，テンソルという概念を導入した先駆者としても，彼の名を忘れてはなるまい．

コーシーの諸論文の中には他にもまだ現在でも十分意味のあるものが少なくないが，「コーシーの数学」の紹介はこれで終りとする．

《参考書》

コーシーの伝記は多くの数学者の伝記中にある．例えば：

高木貞治，近世数学史談，初版，共立出版 1931；岩波文庫版，1995．

E．T．ベル，数学をつくった人びと，原著 1937；日本語訳，田中勇・銀林浩訳，東京図書．1962；ハヤカワ文庫版，2003．

岩田義一，偉大な数学者たち，筑摩書房，1950；ちくま学芸文庫版，2006．

但しコーシーだけの伝記は意外に少ない．本書が専ら参考にしたのは

ブリュノ・ベロスト，評伝コーシー，原著 1985；辻雄一訳，森北出版，1998

である．「論文紛失事件」を調査したルネ・タルトンの論文

コーシーとガロアの科学上の関係

の訳もこの本の付録に収録されている．

コーシー自身の著作で日本語訳があるのは，はしがきおよび 2.2 節で引用した

微分積分学講義要論，原著 1823，小堀憲訳，共立出版，1969．

である．この訳の「解説」も有用である．彼の全集全 27 巻は大部だがいくつかの大学に所蔵されている．

第 3 章では (第 4 章の一部も) 次の文献から多くの示唆を得た．

W.Dunham, The Calculus Gallery, Princetan Univ. Press, 2005.

特にその第 6 章　コーシー　の部分．

第 6 章，6.1 節多面体に関しては，この方面の余り知られていないコーシー自身の業績および関連事項が，彼の肖像入り

で次の本にある：

クロムウェル，多面体，原著 1996；日本語訳　下川航也・平澤美可三・松本三郎・丸本嘉彦・村上斉訳，シュプリンガーフェアラーク東京，2001．

第 1 章で述べた社会的背景等についてはいくつかの世界史の教科書を参考にしたが，特に次の 2 冊の書物から有益な情報を得た：

ケン・オールダー，吉田三知世訳，万物の尺度を求めて，早川書房，2005．

鹿島茂，怪帝ナポレオン III 世，講談社，2004．

コーシーの不等式とその拡張について：

一松信，コーシーの不等式，数学セミナー，日本評論社，2009，2 月号 (不等式特集), pp.10-13．

索引（事項）

［記号・数字］

0 になる量 ……36
1 の 3 乗根 ……127
2 階対称テンソル ……184
3 次方程式の解法 ……126
C^∞ 級関数 ……107
CO 位相 ……122
CU 位相 ……123
G. カントル ……48
$\varepsilon-\delta$ 論法 ……37

［あ行］

アーベル ……11,13,114
アーベルの総和法 ……92
アスコリの定理 ……123
アルガン ……130
アルガン平面 ……130
アロイーズ ……6
アシェット ……3
穴がない ……143
アルキメデスの公理 ……42
アレクサンドル ……26
アレクサンドル・ローラン ……2
アンペール ……3
意識革命 ……177

いたる所疎 ……83
いたる所微分不可能な関数 ……61
一様収束 ……62,114
一様に微分可能 ……62
一様有界 ……124
一様連続関数 ……76
入れ子の原理 ……47
ヴィヴァンティの定理 ……149
ウォリス ……130
ヴォルテラ ……84
オイラー法 ……180
応力 ……183
オーギュスタン・ルイ・コーシー ……1
オストログラヅキー ……13
オスマン計画 ……25

［か行］

外拡度 ……83
解析学 ……34
解析関数 ……38,107
解析接続 ……103
回転指数 ……144,177
回転量 ……68
解の一意性 ……180

ガウス ……137
ガウス・アルガン平面 ……130
ガウスの学位論文 ……173
ガウスの判定法 ……98
科学アカデミー ……4
学士院 ……4
下積分 ……74
下の積和 ……74
加法の関係 ……132
ガロア ……11, 14
関数 ……35, 40
関数の概念 ……35
緩増加 ……145
カントル集合 ……83
完備性 ……45, 89
ガンマ関数の乗法公式 ……158
基音 ……117
ギップスの現象 ……115
基本列 ……42, 89
級数 ……88
共形性 ……136
凝集判定法 ……97
教程 ……31
ギョーム・ド・ビュール …31
極 ……152
極限 ……36, 49
極座標 ……131
曲線 ……138
虚数 ……130

区間縮小法 ……46
区分求積 ……71
区分的に滑らかな曲線 ……138
グリーンの定理 ……143
グルサの定理 ……136
群 ……15
係数列 ……99
原始関数 ……80
ケプラー ……163
弦の振動 ……116
項 ……99
高階原始関数 ……107
広義の一様収束 ……120
剛性 ……167
構成的 ……56, 178
構成的実数の構成的理論 …10
構成的証明 ……176
交代関数 ……128
剛体性予想 ……169
光電効果 ……164
合同 ……168
項別微分 ……102, 106
コーシー・アダマールの公式 ……95, 101
コーシー・コワレフスカヤの定理 ……182
コーシー・シュワルツの不等式 ……169

コーシー・リーマンの微分方程式 ……134
コーシー積 ……98,99
コーシーによる平均値の定理 ……69
コーシーの基本列 ……42
コーシーの証明 (代数学の基本定理) ……174
コーシーの積分公式 ……147
コーシーの積分定理 ……141,145
コーシーの多角形法 ……179
コーシーの著書 ……31
コーシーの評価式 ……148
コーシーの不等式 ……170
コーシーの論文 ……27
コーシー分布 ……79
コーシー問題 ……179
コーシー列 ……42
細かくする ……73
孤立特異点 ……150,152
コレージュ・ド・フランス ……10,21,25
コンドルセ ……11
コンパクト一様収束の位相 ……123
コンパクト開位相 ……122

[さ行]
最終定理 ……173

最大幅 ……73
差分商 ……63
シェルブール港 ……4
辞書式順序 ……132
次数 ……158
自然対数の底数 ……50
七月革命 ……16
実数の連続性 ……40,45
蛇腹予想 ……169
終身総書記 ……11
集積値 ……95
収束 ……38
収束円 ……100
収束する ……89
収束半径 ……100,149
縮小写像の不動点定理 ……181
主値 ……77,160
主値積分 ……76
十進小数 ……48
巡回関数 ……128
巡回群 ……166
巡回置換 ……128
条件収束 ……91
上積分 ……74
上の積和 ……74
乗法の関係 ……132
小星形十二面体 ……163
初期条件 ……179
除去可能な特異点 ……146

初等関数 ……87
シュヴァレー分解 ……129
柔構造多面体 ……168
シュタイニッツ ……168
順序 ……131
ジョルダンの閉曲線定理 …174
真性特異点 ……152
振動 ……99
数学物理学雑誌 ……27
数列 ……88
スツルム ……13,20
正規族 ……124
整型 ……136
正弦関数 ……57
正項級数 ……89
正四面体群 ……166
正則 ……136
正多面体 ……162
正二十面体群 ……166
正八面体群 ……166
積分 ……71
積分学講義 ……22
積分可能 ……73,74
積分定数 ……80
積分法 ……34
積分路 ……138
積和 ……73
絶対収束 ……90
絶対値 ……90,131

絶対値級数 ……90
摂動 ……182
漸近展開式 ……182
前コンパクト族 ……124
線積分 ……138,139
線素による線積分 ……139
全微分可能 ……135
相加平均・相乗平均の不等式
　……170
相等 ……168
総和法 ……92

［た行］
第 1 基本定理 ……79
第 1 平均値定理 ……78
対称関数 ……128
代数解析 ……31
代数学の基本定理 ……173
対数関数 ……58
対数判定法 ……97
対数微分 ……78
第 2 基本定理 ……79
第二共和国憲法 ……23
第 2 平均値定理 ……78
大十二面体 ……165
大二十面体 ……165
大星形十二面体 ……163
ダニエル・ベルヌイ ……117
ダランベール ……36

ダランベールの定理 ……173
タルタリア・カルダノの解法 3
次方程式の解法 ……126
ダルブーの成果 ……74
ダルブー和 ……73
弾性体の力学 ……183
単位粒子 ……185
単調関数 ……75
単連結領域 ……144
中間値の定理 ……55
抽象的存在証明 ……176
中心 ……99
中心差分 ……60
稠密性 ……41
チェザロの総和法 ……92
超準解析 ……10
調和級数 ……89
直交曲線座標系 ……137
頂点形 ……162
強い位相 ……122
定積分 ……73
定発散 ……99
ディニ ……83
ディニの微分 ……86
ディネ ……3
テイラー展開 ……106, 148
ディリクレ ……13, 35
展開し直し定理 ……102
展開中心 ……99

テンソル ……184
点別位相 ……122
点別収束 ……113
ド・モアブルの定理 ……131
等角写像 ……136
導関数 ……58
同値 ……48
同程度連続 ……123
特異（変格）積分 ……76
独立変数 ……35
凸性 ……61
土木学校 ……3
トリノ大学 ……18
ドランブル ……11

[な行]

ナポレオン三世 ……24
滑らかな曲線 ……138
二月革命 ……23
二項係数 ……104
二分法 ……55
二面体群 ……166
熱伝導論 ……118

[は行]

バークレイ僧正 ……34
倍音 ……117
はさみうちの原理 ……53
バシリエ校 ……21, 27

発見 ……163
発散 ……93
判定法 ……93
ビオ ……10
比較判定法 ……90
光量子 ……164
ビネ ……26
微分学講義 ……22
微分学の基本定理 ……63
微分可能 ……58,134
微分可能性 ……133
微分係数 ……36,58,135
微分積分学の基本定理 ……79
微分法 ……34,58
ピカールの逐次代入法 ……181
ピュイズー級数 ……153
フーリエ ……11,13
フーリエ級数 ……114
不還元な場合 ……127
複素関数 ……124
複素数 ……126
複素数の関係 ……132
不定形の極限値 ……50
不定積分 ……80,81
不定方程式 ……43
部分和 ……89
フラクタル集合 ……83
プラトンの立体 ……162
ブルジョア ……16

フレネル積分 ……156
不連続関数 ……56
ブロニ ……3
分割 ……72
分割縮小法 ……55
閉曲線 ……138
平均値の定理 ……64
平均値の不等式 ……65
平均変化率 ……58,65,67
平射図法 ……137
閉包 ……84
ベールの第1級関数 ……87
ベキ級数 ……38,99
ベキ級数による解の表現 ……181
ベクトルの平均変化率 ……68
ベルヌイ兄弟 ……33
偏角 ……131
変数 ……49
偏導関数 ……60
偏微分係数 ……135
ポアソン ……10
ポアンソ ……4,166
星形五角形 ……163
星形正多面体 ……163
ボルザーノ ……37
ボルドー公 ……18
ポンスレ ……13

[ま・や行]

マクローリン展開 ……106
マリー・マドレーヌ・トゥゼストル ……1
無限解析入門 ……40
無限級数 ……89
無限級数の和 ……89
無限小 ……34,36,57,62
無限小解析学 ……8
無限小解析入門 ……33
メルカトール図法 ……137
モローの不等式 ……54
モンジュ ……2
ユージェーヌ ……18
優級数 ……90
優級数法 ……119
優極限 ……94
優等生症候群 ……3
有界変動 ……75
有界変動性 ……61
有理数の基本列 ……48
要論 ……7,31

[ら行]

ラーベの判定法 ……98
ラクロア ……3
ラグランジュ ……2,38
ラグランジュの形 ……69
ラグランジュの剰余項 ……108
ラプラス ……2,33
ラプラスの偏微分方程式 ……147
リーマン ……132
リーマン積分 ……72
リーマン積分可能 ……73
リーマンの定理 ……146
リーマン和 ……73
理工科学校 ……3
リッシュの算法 ……87
立体異性体 ……168
リプシツ条件 ……179
リブリ ……21
リューヴィル ……20,25
リューヴィル誌 ……27
リューヴィルの定理 ……150,176
留数 ……150
留数解析 ……153
留数の定理 ……152
流率 ……36
ルイ・ティルー ……1
ルイ・フィリップ ……16
ルイ・フランソア・コーシー ……1
累乗根判定条件 ……96
累乗根判定法 ……94
ルーシェの定理 ……153
ルネ・タトン ……14
ルベーグ積分 ……87
暦作成局 ……21

連続 ……57
連続性 ……76
連続体 ……183, 185
ローマン・メンショフの定理
　……135
ローラン級数 ……151
ロピタル侯爵 ……33
ロルの定理 ……64

　　［わ行］
ワイエルストラス ……37, 51
ワイエルストラスの例 ……61

著者紹介：

一松　信（ひとつまつ・しん）

- 1926 年　東京で生まれる
- 1947 年　東京大学理学部数学科卒業
- 1954 年　理学博士（旧制）
  - 1952 年より 1989 年まで，立教大学助教授，東京大学助教授，立教大学教授，京都大学（数理解析研究所）教授を経て
- 1989 年　京都大学定年退転，京都大学名誉教授
- 1989 年　東京電機大学（鳩山校舎）教授
- 1996 年　同上客員教授，2004 年退転
- 1994 年 - 2003 年　数学検定協会会長（現在名誉会長）

主な著書
解析学序説（新訂版）上，下　裳華房
留数解析　共立出版
暗号の数理（改訂版）　講談社ブルーバックス
初等幾何学入門　岩波書店
数学公式 I〜III（共著）　岩波書店

双書②・大数学者の数学／コーシー

近代解析学への道

2009 年 10 月 16 日　初版 1 刷発行
2019 年 3 月 10 日　　　2 刷発行

著　者　　一松　信
発行者　　富田　淳
発行所　　株式会社　現代数学社
〒 606-8425　京都市左京区鹿ヶ谷西寺ノ前町 1
TEL&FAX 075 (751) 0727　振替 01010-8-11144
http://www.gensu.co.jp/

検印省略

ⓒ Shin Hitotumatu, 2009
Printed in Japan

印刷・製本　　有限会社 ニシダ印刷製本

ISBN 978-4-7687-0386-1　　落丁・乱丁はお取替え致します．